U0318836

YITIAN KANDONG

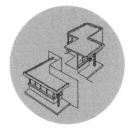

一天看懂

建筑结构施工图

JIANZHU JIEGOU
SHIGONGTU

闵玉辉 主编

海峡出版发行集团 | 福建科学技术出版社
THE STRAITS PUBLISHING & DISTRIBUTING GROUP | FUJIAN SCIENCE & TECHNOLOGY PUBLISHING HOUSE

图书在版编目（CIP）数据

一天看懂建筑结构施工图 / 闵玉辉主编．—福州：
福建科学技术出版社，2016.1（2021.1重印）
ISBN 978-7-5335-4881-0

Ⅰ．①一… Ⅱ．①闵… Ⅲ．①建筑制图－识别 Ⅳ.
① TU204

中国版本图书馆 CIP 数据核字（2015）第 239893 号

书　　名	一天看懂建筑结构施工图	
主　　编	闵玉辉	
出版发行	海峡出版发行集团	
	福建科学技术出版社	
社　　址	福州市东水路 76 号（邮编 350001）	
网　　址	www.fjstp.com	
经　　销	福建新华发行（集团）有限责任公司	
印　　刷	福建省金盾彩色印刷有限公司	
开　　本	700 毫米 ×1000 毫米　1/16	
印　　张	11.75	
字　　数	219 千字	
版　　次	2016 年 1 月第 1 版	
印　　次	2021 年 1 月第 10 次印刷	
书　　号	ISBN 978-7-5335-4881-0	
定　　价	42.80 元	

书中如有印装质量问题，可直接向本社调换

前　言

图纸是工程行业的通行技术性"语言"，能够看懂图纸是每个进入建筑行业的"菜鸟"必须快速掌握的基础技能。

本书根据建筑工程领域最基础的识图基础技能，只解决一个核心问题——会了就行！力求通过更为精准的知识点，直观的内容形式，将如何识读施工图纸介绍明白，能够根据内容思路尝试一步一步去看具体的施工图纸即可。

全书主要介绍建筑结构施工图识图的原理、规则、不同图纸的识读要点以及完整的识图解读，让您能够了解建筑结构识图的基本思路，必要的知识储备，从而能够以一个正确的方法开始识读建筑结构施工图。

本书不求全面，所有的内容，都是建立在能够快速上手的基础之上，以介绍实用入门级的基础识图知识为主，并在每个识图阶段，总结出一些识图经验要点。作为贴近现场的实用性的图书，本书对于作用、原理方面介绍浅尝辄止，主要就是告诉读者，以怎样的顺序步骤看图，如何看得懂图，并且将有关的要点，整理成通俗易懂、便于记忆的经验性条文，让您看完之后，能够用得着、记得住。

参与本书编写的有：黄肖、刘向宇、卫白鸽、刘杰、于兆山、蔡志宏、邓毅丰、刘彦萍、孙银青、肖冠军、赵莉娟、张志贵、李四磊、陈宏、黄华、何志勇、郝鹏、李卫、李世友、林艳云。

目 录

第一章 施工图识读基础

第一节 投影的基本知识

1. 投影基本概念

日常生活中，常见到光线照射物体在地面或墙面产生影子，如图1-1所示，把这种投影应用在平面上表达空间物体形态和大小的方法，称作投影法。工程图样就是按照一定的投影原理和图示方法绘制的，能表达物体的位置、大小、构造、功能的图样。

2. 投影法分类

根据投射线的类型（平行或汇交），投影面与投射线的相对位置（垂直或倾斜）的不同，投影法一般分为以下两类：

（1）中心投影法

投影线从投影中心发射，对物体进行投影的方法称作中心投影法，采用中心投影法绘制的图形一般不反映物体的真实大小，但立体感好，多用于绘制建筑物的透视图。

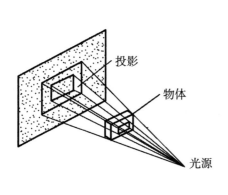

图1-1 投影原理

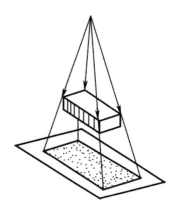

图1-2 中心投影法

（2）平行投影法

用相互平行的投射线对物体作投影的方法称作平行投影法，分为斜投影和正投影两种。

1）投影方向倾斜于投影面时所作出的平行投影，称作斜投影，如图1-3所示。

2）投影方向垂直于投影面时所作的平行投影，称作正投影，如图1-4所示。由于正投影图能够准确地表示出建筑物的形体和大小，且作图方法简单，因此在工程制图中广泛应用。

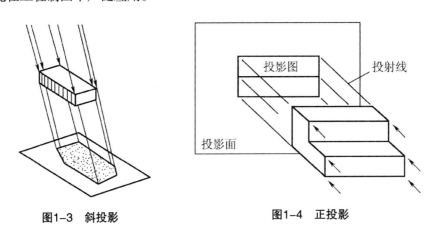

图1-3　斜投影　　　　　　　　　　　图1-4　正投影

3. 正投影的基本性质

组成形体的基本几何元素是点、线、面，它们投影的基本性质见表1-1。

表1-1　点、线、面的投影性质

序号	性质	说明	图示
1	同素性	点的正投影仍然是点，直线的正投影一般仍为直线，平面的正投影一般仍为原空间几何形状的平面	
2	从属性	点在直线上，点的正投影一定在该直线的正投影上。点、直线在平面上，点和直线的正投影一定在该平面的正投影上	

序号	性质	说明	图示
3	积聚性	当直线或平面垂直于投影面时，其直线的正投影积聚为一个点；平面的正投影积聚为一条直线	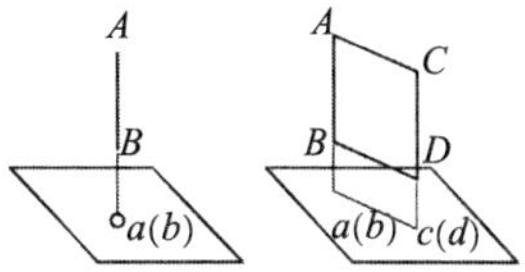
4	可量性	当线段或平面平行于投影面时，其线段的投影长度反映线段的实长；平面的投影与原平面图形全等	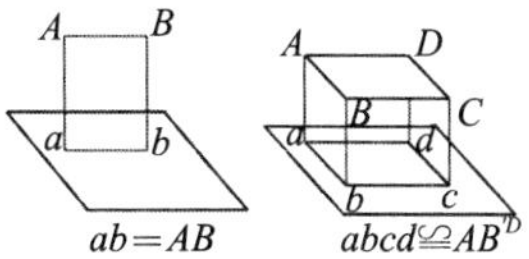 $ab=AB$ $abcd \cong ABCD$
5	定比性	线段上的点将该线段分成的比例，等于点的正投影分线段的正投影所成的比例	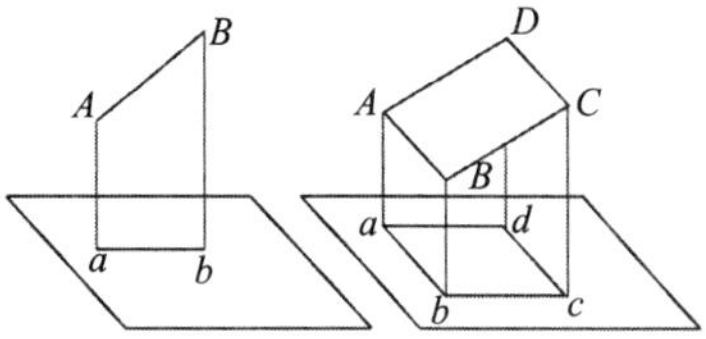 $ab \neq AB$ $abcd \neq ABCD$
6	平行性	两直线平行，它们的正投影也平行，且空间线段的长度之比等于它们正投影的长度之比	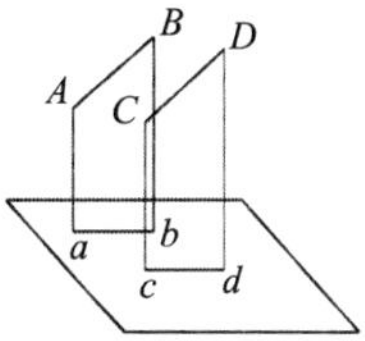 $ab \parallel cd$

第二节　工程中常用的投影法

在建筑工程上常用的投影图有四种：正投影图、轴测投影图、透视投影图、标高投影图。

1. 正投影法

正投影法是指由物体在两个互相垂直的投影面上的正投影，或在两个以上的投影面（其中相邻的两投影面互相垂直）上的正投影所组成。正投影图能够反映物体的真实形状和大小，便于度量和绘制简单，因此正投影图是土木工程施工图纸的基本形式。

3

多面正投影是土木建筑工程中最主要的图样（图1-5），然后将这些带有形体投影图的投影面展开在一个平面上，从而得到形体投影图的方法，如图1-6所示。

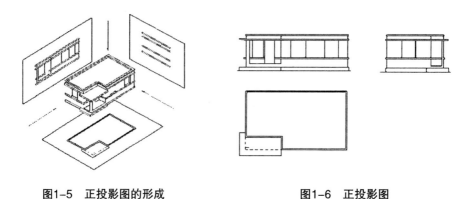

图1-5　正投影图的形成　　　　　　　　图1-6　正投影图

2. 轴测投影法

轴测投影图是将物体连同其直角坐标体系，沿不平行于任一坐标平面的方向，用平行投影法将其投射在单一投影面上所得的图形，可以是正投影，也可以是斜投影，如图1-7所示。

轴测投影图有较强的立体感，能够在一个投影面上同时反映出形体的长、宽、高三个方向的结构和形状。而且在投射中，物体的三个轴向（左右、前后、上下）在轴测图中有规律性，可以计算和量度，由此被称作轴测投影图。但是作图比较繁琐，表面形状在图中往往失真，只能作为工程上的辅助性图样，弥补正投影图的不足，如图1-8所示。

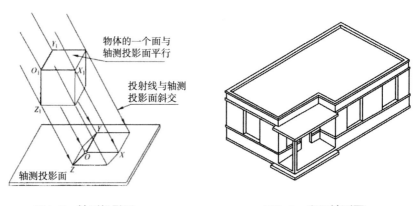

图1-7　轴测投影图　　　　　　　　　图1-8　房屋轴测图

3. 透视投影法

透视投影图是用中心投影法将物体投射在单一投影面上所得的图形。透视投影图有很强的立体感，形象逼真。但是透视投影图作图复杂，形体的尺寸不能直接在图中度量，所以不能作为施工依据，一般用于建筑设计方案，如图1-9所示。

图1-9　透视图

4.标高投影法

标高投影法是假想用一水平面把地形切开，用正投影法垂直向下投影得到的图，如图1-10所示。标注的数字称作标高，单位为米（m），与标高数字相应的曲线称作等高线，表示同一曲线上的点高程等同。工程上常用标高投影法绘制地形图等。

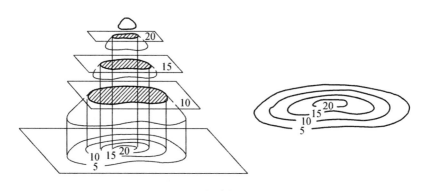

图1-10　标高投影图

第三节　三面正投影图

1. 三投影面体系的建立

采用三个互相垂直的平面作为投影面，如图1-11所示，构成三投影面体系。水平位置的平面称作水平投影面（简称平面），用字母H表示，水平面也可称为H面；与水平面垂直相交呈正立位置的投影面称作正立投影面（简称立面），用字母V表示，正立面也可称为V面；位于右侧与H、V面均垂直的平面称作侧立投影面（简称侧面），用字母W表示，侧立面也可称为W面。

1）H面与V面的交线OX称作OX轴；

2）H面与W面的交线OY称作OY轴；

3）V面与W面的交线OZ称作OZ轴。

4）三个投影轴OX、OY、OZ的交汇点O称作原点。

2. 三面正投影图的形成

（1）形体在三投影面体系中的投影

将形体放置在三投影面体系中，按正投影法向各投影面投影，则形成了形体的三面正投影图，如图1-12所示。

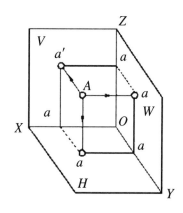

图1-11　三投影面体系建立原理图

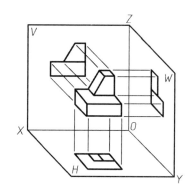

图1-12　三面正投影图

6

三面投影图（三视图）各个投影面分别称为：

1）正立面投影图（正面图）——主视图。

2）水平面投影图（平面图）——俯视图。

3）侧立面投影图（侧面图）——左视图。

由于每面投影只能反映物体一个面的情况，因此，在看图时，必须将同一物体的每个投影图互相联系起来，才能了解整个物体的形状。

（2）三面投影图的展开

物体的投影过程是在空间进行的，但所画出的投影图应该是在图纸平面上。为达到这一目的，设想将三个投影面及面上的三个投影图展开，使V面保持不动，H面向下转90°，W面向右转90°，这样，三个投影面及投影图就在一个平面上了，如图1-13所示。

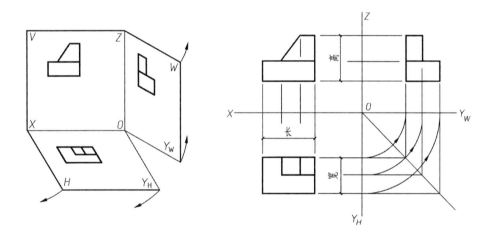

图1-13　展开三面投影图

三面投影图的识读规律：

1）正面图与平面图长对正；正面图与侧面图高平齐；平面图与侧面图宽相等，见图1-13所示。

2）水平投影反映形体的左右、前后关系；正面投影反映形体的左右、上下关系；侧面投影反映形体的上下、前后关系，如图1-14所示。

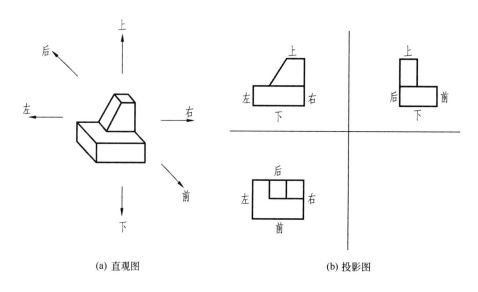

(a) 直观图   (b) 投影图

图1-14   识图与形体的方位关系

第四节   工程中常用的平、立、剖、截面图

1. 平面图和立面图

在土建制图中，把相当于水平投影、正面投影和侧面投影的投影图，分别称为平面图、正立面图和左侧立面图。平面图相当于观看者面对H面，从上向下观看物体时所得到的视图；正立面图是面对V面，从前向后观看时所得到的视图；左侧立面图是面对W面，从左向右观看时所得到的视图。

在三视图的排列位置中，平面图位于正立面图的下方。左侧立面图位于正立面图的右方，如图1-15所示。

正立面图反映了物体的上下、左右的相互关系，即高度和长度；平面图反映了物体的左右、前后的相互关系，即长度和宽度；左侧立面图反映了物体的上下、前后的相互关系，即高度和宽度。

在识图时，要注意物体的上、下、左、右、前、后六个方位在视图上的表示。特别是前面、后面的表示，如平面图的下方和左侧立面图的右方都表示物体的前面，平面图的上方和左侧立面图的左方，都表示物体的后面，如图1-16所示。

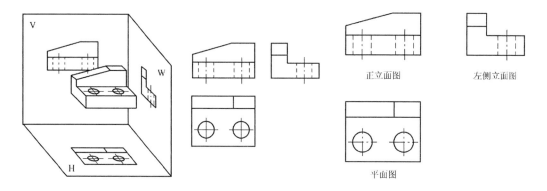

图1-15　水平投影、正面投影和侧面投影　　　　图1-16　三视图的排列位置

正立面图　　　　左侧立面图

平面图

2.剖面图

（1）剖面图的概念

假想用一个平面沿构件的对称面将其剖开，这个平面为剖切面。将处于观察者与剖切面之间的部分形体移去，而将余下的这部分形体向投影面投射，所得的图形称为剖面图，如图1-17所示。剖面图一般又简称为"剖视图"。

剖面图的特点：

1）"剖"——假想用剖切面剖开物体；

2）"移"——将处于观察者与剖切面之间的部分移去；

3）"视"——将其余部分向投影面投射。

（2）剖切符号

剖切符号由剖切位置线、剖视方向线及剖面编号组成，如图1-18所示。剖切位置线是表示剖切平面剖切位置的线，如图1-17中剖切面P的位置。

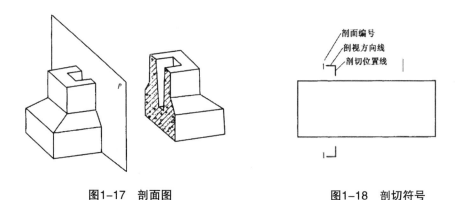

剖面编号
剖视方向线
剖切位置线

图1-17　剖面图　　　　　　　　图1-18　剖切符号

9

剖视方向线是表示剖切物体后向哪个方向投影，它与剖切位置线相垂直。

剖面编号是剖面图的顺序编号，注写在剖视方向线的端部。此编号也标注在相应剖面图的下方。

（3）剖面图的表示方法

在剖面图中，与剖切平面相接触的部分，其轮廓线为粗实线，里面用相应的材料图例填充；未剖到而只是看到的部分用中实线表示，如图1-19所示。

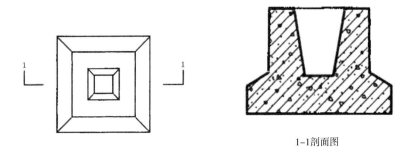

1-1剖面图

图1-19　剖面图表示方法

常用建筑材料图例见表1-2。

表1-2　常用建筑材料图例

序号	名称	图例	备注
1	自然土壤		包括各种自然土壤
2	夯实土壤		
3	砂、灰土		靠近轮廓线绘较密的点
4	砂砾石、碎砖三合土		
5	石材		
6	毛石		

序号	名称	图例	备注
7	普通砖	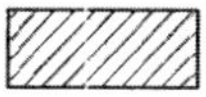	包括实心砖、多孔砖、砌块等砌体,断面较窄不易绘出图例线时,可涂红
8	耐火砖		包括耐酸砖等砌体
9	空心砖		指非承重砖砌体
10	饰面砖		包括铺地砖、马赛克、陶瓷锦砖、人造大理石等
11	焦渣、矿渣	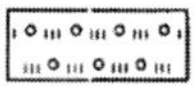	包括与水泥、石灰等混合而成的材料
12	混凝土	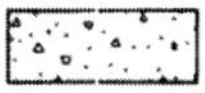	1.本图例指能承重的混凝土及钢筋混凝土 2.包括各种强度等级、骨料、添加剂的混凝土 3.在剖面图上画出钢筋时,不画图例线 4.断面图形小,不易画出图例线时,可涂黑
13	钢筋混凝土		
14	多孔材料	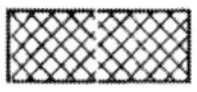	包括水泥珍珠岩、沥青珍珠岩、泡沫混凝土、非承重加气混凝土、软木、蛭石制品等
15	纤维材料	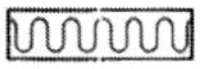	包括矿棉、岩棉、玻璃棉、麻丝、木丝板、纤维板等
16	泡沫塑料材料	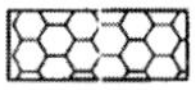	包括聚苯乙烯、聚乙烯、聚氨酯等多孔聚合物类材料
17	木材		1.上图为横断面,上左图为垫木、木砖或木龙骨 2.下图为纵断面
18	胶合板		应注明为×层胶合板

序号	名称	图例	备注
19	石膏板	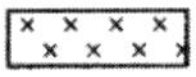	包括圆孔、方孔石膏板、防水石膏板等
20	金属		1.包括各种金属 2.图形小时，可涂黑
21	网状材料		1.包括金属、塑料网状材料 2.应注明具体材料名称
22	液体		应注明具体液体名称
23	玻璃		包括平板玻璃、磨砂玻璃、夹丝玻璃、钢化玻璃、中空玻璃、加层玻璃、镀膜玻璃等
24	橡胶		
25	塑料		包括各种软、硬塑料及有机玻璃等
26	防水材料		构造层次多或比例大时，采用上面图例
27	粉刷		本图例采用较稀的点

注：序号1、2、5、7、8、13、14、16、17、18、19、20、24、25图例中的斜线、短斜线、交叉斜线等一律为45°。

（4）剖面图的种类

1）全剖面图：假想用一个剖切平面把形体整个剖开后所画出的剖面图叫全剖面图。如图1-20所示的房屋，为了表示它的内部布置，假想用一水平的剖切平面，通过门、窗洞将整栋房子剖开，然后画出其整体的剖面图。这种水平剖切的剖面图，在房屋建筑图中，称为平面图。

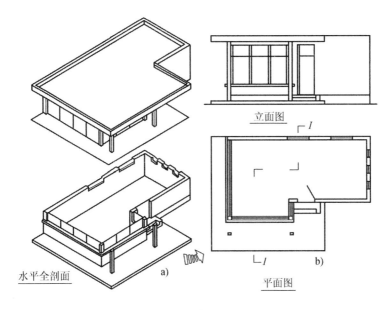

立面图

平面图

a)

b)

水平全剖面

图1-20 全剖面图

2）阶梯剖面图：用两个或两个以上相互平行的剖切平面将物体剖切，所得到的剖面图称为阶梯剖面图。如图1-21所示的平面，为了同时剖开前墙的窗和后墙，这时可将剖切平面转折一次，即用一个剖切平面剖开前墙的窗，另一个与其平行的平面剖开后墙，这样就满足了要求。

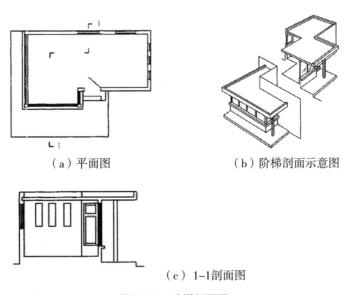

（a）平面图　　　　　　　（b）阶梯剖面示意图

（c）1-1剖面图

图1-21　阶梯剖面图

3）局部剖面图：当建筑形体的外形比较复杂，完全剖开后就无法表示清楚它的外形时，可以保留原投影图的大部分，而只将局部地方画成剖面图，投影图与局部剖面图之间，要用徒手画的波浪线分界。

如图1-22所示，在不影响外形表达的情况下，将杯形基础水平投影的一个角落画成剖面图，表示基础内部钢筋的配置情况。

图1-22所示基础的正面投影，已被剖面图所代替。图上已画出了钢筋的配置情况，在断面上便不再画钢筋混凝土的图例符号。

4）半剖面图。当物体的投影图和剖面图都是对称的图形时，可采用半剖面图的表示方法，用对称轴线作为分界线，如图1-23所示。

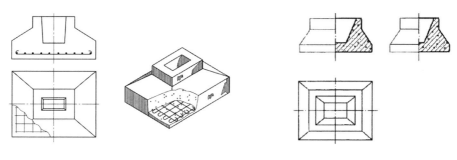

图1-22 局部剖面图　　　　　图1-23 半剖面图

3.断面图

（1）断面图的概念

用一个剖切平面将形体剖开之后，形体上的截口，即截交线所围成的平面图形，称为断面。如果只把这个断面投射到与它平行的投影面上所得的投影，表示出断面的实形，称为断面图。

（2）断面图与剖面图的区别

与剖面图一样，断面图也是用来表示形体内部形状的。剖面图与断面图的区别在于：

1）断面图只画出形体被剖开后断面的投影，如图1-24（a）所示，而剖面图要画出形体被剖开后整个余下部分的投影，如图1-24（b）所示。

2）剖面图是被剖开形体的投影，是体的投影，而断面图只是一个截口的投影，是面的投影。被剖开的形体必有一个截口，所以剖面图必然包含断面图在内，而断面图虽属于剖面图的一部分，但一般单独画出。

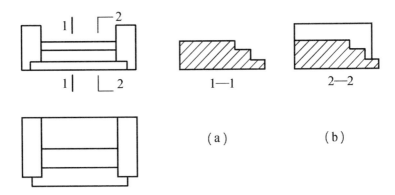

图1-24　台阶的断面图与剖面图

3）剖切符号的标注不同。断面图的剖切符号只画出剖切位置线，不画出剖切方向线，且只用编号的注写位置来表示剖切方向（图1-25）。编号写在剖切位置线下侧，表示向下投影；注写在左侧，表示向左投影。

4）剖面图中的剖切平面可转折，断面图中的剖切平面则不可转折。

（3）断面图的种类

1）移出断面图：将断面图画在投影图之外，其位置可画在剖切线的延长线上，如图1-26中的1-1断面图;也可将断面图布置在图纸上的任意位置，但必须在剖切线处和断面图下方加注相同的编号，如图1-26中2-2断面图。

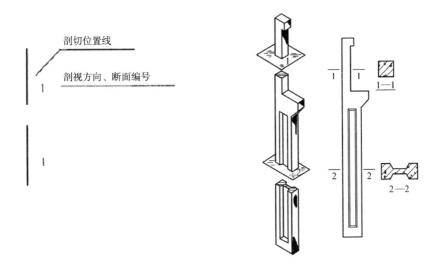

图1-25　断面图标注符号　　　　　图1-26　移出断面图

2）重合断面图：将剖切而得到的断面图画在剖切处与投影图重合，即为重合断面图。重合断面图不必标注剖切位置线及编号，如图1-27所示。

3）中断断面图：假想把物体断裂开，而把断面图画在中断处，这时不必标注剖切位置线及编号，如图1-28所示。

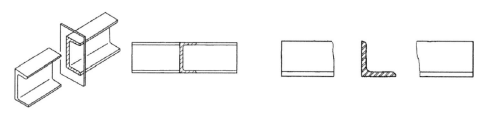

图1-27　重合断面图　　　　　　　　　图1-28　中断断面图

重合断面图和中断断面图适用于简单的截面形状，并且都省去了标注符号，更便于查阅图纸。

（4）断面图的简化画法

为了节省绘图时间，或由于绘图位置不够，建筑制图国家标准允许在必要时可以采用下列的简化画法：

1）对称图形的简化画法。对称的图形可以只画一半，但要加上对称符号。例如图1-29（a）所示的锥壳基础平面图，因为它左右对称，可以只画左半部，并在对称线的两端加上对称符号，如图1-29（b）所示。对称线用细点划线表示。对称符号用一对平行的短细实线表示，其长度为6～10mm。两端的对称符号到图形的距离应相等。

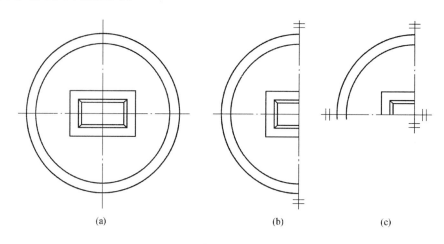

(a)　　　　　　　(b)　　　　　　(c)

图1-29　对称图形的简化画法

由于锥壳基础的平面图不仅左右对称，而且上下对称，因此还可以进一步简化，只画出其四分之一，但同时要增加一条水平的对称线和对称符号，如图1-29（c）所示。

2）相同要素的简化画法。建筑物或构配件的图形，如果图上有多个完全相同而连续排列的构造要素，可以仅在排列的两端或适当位置画出其中一两个要素的完整形状，然后画出其余要素的中心线或中心线交点，以确定它们的位置，如图1-30所示为预应力空心板的简化画法。

3）折断省略画法。较长的等断面的构件，或构件上有一段较长的等断面，可以假想将该构件折断其中一部分，然后在断开处两侧加上折断线，如图1-31（a）所示的柱子。

一个构件如果与另一构件仅部分不相同，该构件可以只画出不同的部分，但要在两个构件的相同部分与不同部分的分界线上，分别画上连接符号。两个连接符号应对准在同一线上，如图1-31（b）所示。

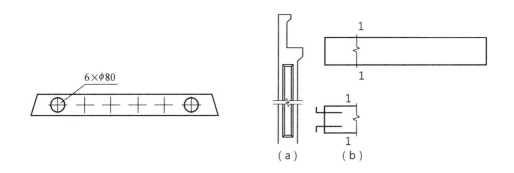

图1-30　相同要素的简化画法　　　　　　　图1-31　折断省略画法

第五节　制图基本规定

1. 图纸幅面规格与图纸编排顺序

1）图纸的幅面规格是指图纸的尺寸，基本尺寸分为五种，代号为A0、A1、A2、A3、A4，尺寸大小如表1-3所示。

表1-3　幅面及图框尺寸(mm)

尺寸代号 ＼ 幅面代号	A0	A1	A2	A3	A4
$b \times l$	841×1189	594×841	420×594	297×420	210×297
c	10			5	
a	25				

2）需要微缩复制的图纸，其一个边上应附有一段准确米制尺度，四个边上均附有对中标志，米制尺度的总长应为100mm，分格应为10mm。对中标志应画在图纸内框各边长的中点处，线宽0.35mm，应伸入内框边，在框外为5mm。对中标志的线段，于l_1和b_1范围取中。

3）图纸的短边尺寸不应加长，A0～A3幅面长边尺寸可加长，但应符合表1-4的规定。

表1-4　图纸长边加长尺寸（mm）

幅面代号	长边尺寸	长边加长后的尺寸
A0	1189	1486（A0+1/4l）　1635（A0+3/8l）　1783（A0+1/2l） 1932（A0+5/8l）　2080（A0+3/4l）　2230（A0+7/8l） 2378（A0+1l）
A1	841	1051（A1+1/4l）　1261（A1+1/2l）　1471（A1+3/4l） 1682（A1+1l）　1892（A1+5/4l）　2102（A1+3/2l）
A2	594	743（A2+1/4l）　　891（A2+1/2l）　1041（A2+3/4l） 1189（A2+1l）　1338（A2+5/4l）　1486（A2+3/2l） 1635（A2+7/4l）1783（A2+2l）　1932（A2+9/4l） 2080（A2+5/2l）
A3	420	630（A3+1/2l）　　841（A3+1l）　　1051（A3+3/2l） 1261（A3+2l）　1471（A3+5/2l）　1682（A3+3l） 1892（A3+7/2l）

注：有特殊需要的图纸，可采用$b \times l$为841mm×891mm与1189mm×1261mm的幅面。

4）图纸以短边作为垂直边应为横式，以短边作为水平边应为立式。A0～A3图纸宜横式使用；必要时，也可立式使用，但图签、会签栏位置应相应调整。

2. 标题栏与会签栏

图纸中应有标题栏、图框线、幅面线、装订边线和对中标志。

1）图纸的标题栏及装订边的位置，应符合下列规定：

①横式使用的图纸，应按图1-32和图1-33的形式进行布置；

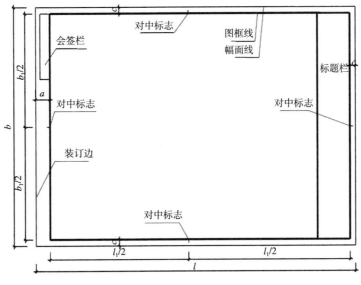

图1-32　A0~A3横式幅面（一）

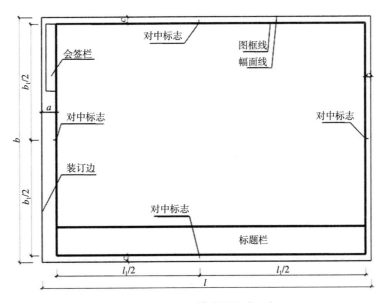

图1-33　A0~A3横式幅面（二）

19

②立式使用的图纸，应按图1-34和图1-35的形式进行布置。

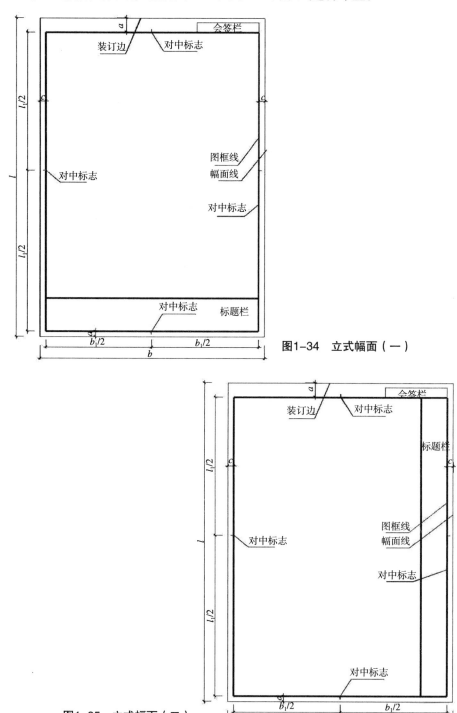

图1-34 立式幅面（一）

图1-35 立式幅面（二）

20

2）标题栏应按图1-36所示，根据工程的需要选择确定其尺寸、格式及分区。

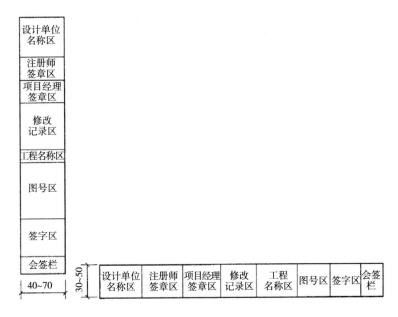

图1-36　标题栏

3）会签栏应按图1-37的格式绘制，其尺寸应为100mm×20mm，栏内应填写会签人员所代表的专业、姓名、日期（年、月、日）。

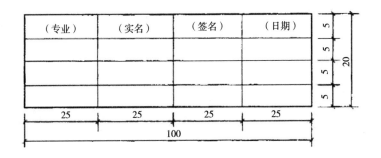

图1-37　会签栏

3. 图线

1）图线的宽度b，宜从1.4mm、1.0mm、0.7mm、0.5mm、0.35mm、0.25mm、0.18mm、0.13mm线宽系列中选取。图线宽度不应小于0.1mm。每个图

样，应根据复杂程度与比例大小，先选定基本线宽b，再选用表1-5中相应的线宽组。

表1-5　线宽组（mm）

线宽比	线宽粗			
b	1.4	1.0	0.7	0.5
$0.7b$	1.0	0.7	0.5	0.35
$0.5b$	0.7	0.5	0.35	0.25
$0.25b$	0.35	0.25	0.18	0.13

注：1.需要缩微的图纸，不宜采用0.18及更细的线宽。

　　2.同一张图纸内，各不同线宽中的细线，可统一采用较细的线宽组的细线。

2）工程建设制图应选用表1-6所规定的图线。

表1-6　图线

名称		线型	线宽	一般用途
实线	粗	——————	b	主要可见轮廓线
	中粗	——————	$0.7b$	可见轮廓线
	中	——————	$0.5b$	可见轮廓线、尺寸线、变更云线
	细	——————	$0.25b$	图例填充线、家具线
虚线	粗	━ ━ ━ ━	b	见各有关专业制图标准
	中粗	– – – – –	$0.7b$	不可见轮廓线
	中	– – – – –	$0.5b$	不可见轮廓线、图例线
	细	- - - - - -	$0.25b$	图例填充线、家具线
单点长画线	粗	━ · ━ · ━	b	见各有关专业制图标准
	中	— · — · —	$0.5b$	见各有关专业制图标准
	细	— · — · —	$0.25b$	中心线、对称线、轴线等
双点长画线	粗	━ ·· ━ ·· ━	b	见各有关专业制图标准
	中	— ·· — ·· —	$0.5b$	见各有关专业制图标准
	细	— ·· — ·· —	$0.25b$	假想轮廓线、成型前原始轮廓线
折断线	细	⌁	$0.25b$	断开界线
波浪线	细	〜	$0.25b$	断开界线

一般来说，在建筑工程制图中各种图线的应用可以参考下面内容进行识读：

①用粗实线表示

a.平面图、剖面图中被剖切的主要建筑构造（包括构配件）的轮廓线。

b.建筑立面图或室内立面图的外轮廓线。

c.建筑构造详图中被剖切的主要部分的轮廓线。

d.建筑构配件详图中的外轮廓线。

e.平面图、立面图、剖面图的剖切号。

f.总图中新建建筑物±0.000高度的可见轮廓线,新建的铁路、管线。

②用中实线表示

a.平面图、剖面图中被剖切的次要建筑构造（包括构配件）的轮廓线。

b.建筑平面图、立面图、剖面图建筑构配件的轮廓线。

c.建筑构造详图及建筑构配件详图中的一般轮廓线。

d.总图中新建构筑物、道路、桥涵、边坡、围墙、露天堆场、运输设施、挡土墙的可见轮廓线，场地、区域分界线、用地红线、建筑红线、尺寸起止符号、河道蓝线，新建建筑物±0.000高度以外的可见轮廓线。

③用细实线表示

a.建筑图的图形线、尺寸线、尺寸界限、图例线、索引符号、标高符号、详图材料做法、引出线等。

b.总图中新建道路路肩、人行道、排水沟、树丛、草地、花坛的可见轮廓线，原有（包括保留和拟拆除）建筑物、构筑物、铁路、道路、桥涵、围墙的可见轮廓线，坐标网线、图例线、尺寸线、尺寸界线、引出线、索引符号等。

④用粗虚线表示：新建建筑物、构筑物的不可见轮廓线。

⑤用中虚线表示

a.建筑构造详图及建筑构配件不可见轮廓线、平面图中起重机（吊车）的轮廓线、拟扩建的建筑物轮廓线。

b.总图中计划扩建建筑物、构筑物、预留地、铁路、道路、桥涵、围墙、运输设施、管线的轮廓线、洪水淹没线。

⑥用细虚线表示：图例线、总图中原有建筑物、构筑物、预留地、铁路、道路、桥涵、围墙的不可见轮廓线。

⑦用粗单点长画线表示总图露天矿开采边界线。

⑧用中单点长画线表示总图土方填挖区零点线。

⑨用细单点长画线表示中心线、对称线、定位轴线、分水线。

⑩用折断线表示不需画全的断开界线。

⑪用粗双点长画线表示总图地下开采区塌落界线。

⑫用波浪线表示断开界线。

3）图纸的图框和标题栏线，可采用表1-7的线宽。

表1-7　图框线、标题栏线的宽度(mm)

幅面代号	图框线	标题栏外框线	标题栏分格线
A0、A1	b	0.5b	0.25b
A2、A3、A4	b	0.7b	0.35b

4. 比例

1）比例宜注写在图名的右侧，字的基准线应取平，如图1-38所示。

平面图 1:100　　　⑥ 1:20

图1-38　比例的注写

2）绘图所用的比例一般从表1-8中选用，并应优先采用表中常用比例。

表1-8　绘图所用的比例

常用比例	1：1、1：2、1：5、1：10、1：20、1：30、1：50、1：100、1：150、1：200、1：500、1：1000、1：2000
可用比例	1：3、1：4、1：6、1：15、1：25、1：40、1：60、1：80、1：250、1：300、1：400、1：600、1：5000、1：10000、1：20000、1：50000、1：100000、1：200000

3）一般情况下，一个图样应选用一种比例。根据专业制图需要，同一图样可选用两种比例。

4）特殊情况下也可自选比例，这时除应注出绘图比例外，还必须在适当位置绘制出相应的比例尺。

5.符号

（1）剖切符号

1）剖视的剖切符号应由剖切位置线及剖视方向线组成，均应以粗实线绘制。剖视的剖切符号应符合下列规定：

a. 剖切位置线的长度宜为6~10mm；剖视方向线应垂直于剖切位置线，长度应短于剖切位置线，宜为4~6mm，如图1-39所示。绘制时，剖视剖切符号不应与其他图线相接触。图1-40为国际上常用的剖视表示形式。

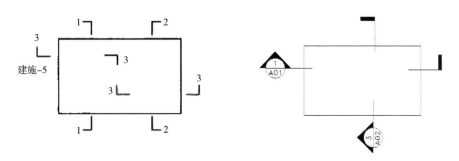

图1-39　国内常用剖切符号　　　　图1-40　国际上常用剖切符号

b.剖视剖切符号的编号宜采用粗阿拉伯数字，按剖切顺序由左至右、由下向上连续编排，并应注写在剖视方向线的端部。

c.需要转折的剖切位置线，应在转角的外侧加注与该符号相同的编号。

d.建（构）筑物剖面图的剖切符号应注写在±0.000标高的平面图或首层平面图上。

e.局部剖面图（不含首层）的剖切符号应注写在包含剖切部位的最下面一层的平面图上。

2）断面的剖切符号应符合下列规定：

a.断面的剖切符号应只用剖切位置线表示，并应以粗实线绘制，长度宜为6~10mm。

b.断面剖切符号的编号宜采用阿拉伯数字，按顺序连续编排，并应注写在剖切位置线的一侧；编号所在的一侧应为该断面的剖视方向，如图1-41所示。

3）剖面图或断面图，如与被剖切图样不在同一张图内，应在剖切位置线的另一侧注明其所在图纸的编号，也可以在图上集中说明。

（2）索引符号与详图符号

1）图样中的某一局部或构件，如需另见详图，应以索引符号索引，如图1-42（a）所示。索引符号是由直径为8~10mm的圆和水平直径组成，圆及水平直径应以细实线绘制。索引符号应按下列规定编写：

a.索引出的详图，如与被索引的详图同在一张图纸内，应在索引符号的上半圆中用阿拉伯数字注明该详图的编号，并在下半圆中间画一段水平细实线，如图1-42（b）所示。

b.索引出的详图，如与被索引的详图不在同一张图纸内，应在索引符号的上半圆中用阿拉伯数字注明该详图的编号，在索引符号的下半圆用阿拉伯数字注明该详图所在图纸的编号，如图1-42（c）所示。数字较多时，可加文字标注。

c.索引出的详图，如采用标准图，应在索引符号水平直径的延长线上加注该标准图册的编号，如图1-42（d）所示。需要标注比例时，文字在索引符号右侧或延长线下方，与符号下对齐。

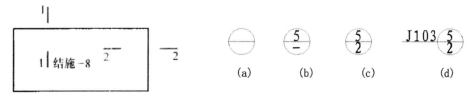

图1-41　断面剖切符号　　　　　　　　　　图1-42　索引符号

2）索引符号如用于索引剖视详图，应在被剖切的部位绘制剖切位置线，并以引出线引出索引符号，引出线所在的一侧应为剖视方向。索引符号的编写同上一条的规定，如图1-43所示。

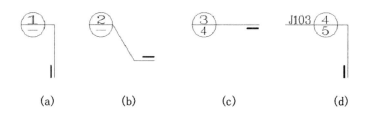

图1-43　用于索引剖视详图的索引符号

3）零件、钢筋、杆件、设备等的编号直径宜以5~6mm的细实线圆表示，同一图样应保持一致，其编号应用阿拉伯数字按顺序编写（图1-44）。消火栓、配电箱、管井等的索引符号，直径宜以4~6mm为宜。

4）详图的位置和编号，应以详图符号表示。详图符号的圆应以直径为14mm的粗实线绘制。详图应按下列规定编号：

a.详图与被索引的图样同在一张图纸内时，应在详图符号内用阿拉伯数字注明详图的编号，如图1-45（a）所示。

b.详图与被索引的图样不在同一张图纸内时，应用细实线在详图符号内画一水平直径，在上半圆中注明详图编号，在下半圆中注明被索引的图纸的编号，如图1-45（b）。

（a）与被索引图样
同在一张图纸内　　（b）与被索引图样不在
同一张图纸内

图1-44　零件、钢筋等的编号　　　　图1-45　详图符号

（3）引出线

1）引出线应以细实线绘制，宜采用水平方向的直线，与水平方向成30°、45°、60°、90°的直线，或经上述角度再折为水平线。文字说明宜注写在水平线的上方（图1-46a），也可注写在水平线的端部（图1-46b）。索引详图的引出线，应与水平直径线相连接（图1-46c）。

（a）　　　　　　　（b）　　　　　　　（c）

图1-46　引出线

2）同时引出的几个相同部分的引出线，宜互相平行（图1-47a），也可画成集中于一点的放射线（图1-47b）。

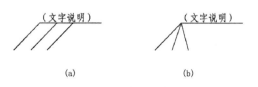

（a）　　　　　　　　（b）

图1-47　共同引出线

3）多层构造或多层管道共用引出线，应通过被引出的各层，并用圆点示意对应各层次。文字说明宜注写在水平线的上方，或注写在水平线的端部，说明的顺序应由上至下，并应与被说明的层次对应一致；如层次为横向排序，则由上至下的说明顺序应与由左至右的层次对应一致，如图1-48所示。

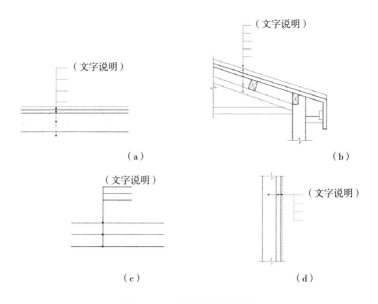

图1-48　多层共用引出线

（4）其他符号

1）对称符号由对称线和两端的两对平行线组成。对称线用细单点长画线绘制；平行线用细实线绘制，其长度宜为6～10mm，每对的间距宜为2～3mm；对称线垂直平分于两对平行线，两端超出平行线宜为2～3mm，如图1-49所示。

2）连接符号应以折断线表示需连接的部位。两部位相距过远时，折断线两端靠图样一侧应标注大写拉丁字母表示连接编号。两个被连接的图样应用相同的字母编号，如图1-50所示。

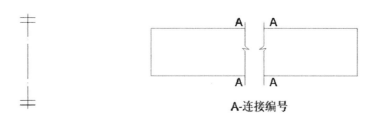

A-连接编号

图1-49　对称符号　　　　　图1-50　连接符号

3）指北针的形状符合图1-51的规定，其圆的直径宜为24 mm，用细实线绘制；指针尾部的宽度宜为3mm，指针头部应注"北"或"N"字。需用较大直径绘制指北针时，指针尾部的宽度宜为直径的1/8。

4）对图纸中局部变更部分宜采用云线，并宜注明修改版次，如图1-52所示。

图1-51　指北针

图1-52　变更云线（注:1为修改次数）

6. 定位轴线

1）定位轴线应用细单点长画线绘制。

2）定位轴线应编号，编号应注写在轴线端部的圆内。圆应用细实线绘制，直径为8～10mm。定位轴线圆的圆心应在定位轴线的延长线或延长线的折线上。

3）除较复杂需采用分区编号或圆形、折线形外，一般平面上定位轴线的编号，宜标注在图样的下方或左侧。横向编号应用阿拉伯数字，从左至右顺序编写；竖向编号应用大写拉丁字母，从下至上顺序编写，如图1-53所示。

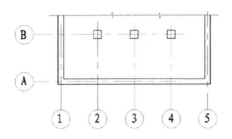

图 1-53　定位轴线的编号顺序

4）拉丁字母作为轴线号时，应全部采用大写字母，不应用同一个字母的大小写来区分轴线号。拉丁字母的I、O、Z不得用作轴线编号。当字母数量不够使用，可增用双字母或单字母加数字注脚。

5）组合较复杂的平面图中定位轴线也可采用分区编号，如图1-54所示。编号的注写形式应为"分区号—该分区编号"。"分区号—该分区编号"采用阿拉伯数字或大写拉丁字母表示。

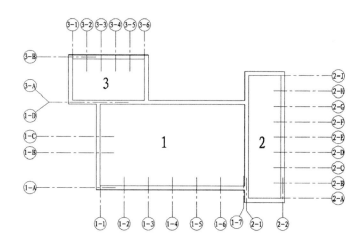

图 1-54　定位轴线的分区编号顺序

6）附加定位轴线的编号，应以分数形式表示，并应符合下列规定：

①两根轴线的附加轴线，应以分母表示前一轴线的编号，分子表示附加轴线的编号，编号宜用阿拉伯数字顺序编写。如图1-55（a）表示2号轴线之后附加的第一根轴线；图1-55（b）表示C号轴线之后附加的第三根轴线。

②1号轴线或A号轴线之前的附加轴线的分母应以01或0A表示。如图1-55（c）表示1号轴线之前附加的第一根轴线；图1-55（d）表示OA号轴线之前附加的第三根轴线。

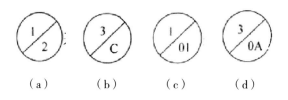

（a）　　　　（b）　　　　（c）　　　　（d）

图1-55　附加轴线符号

7）一个详图适用于几根轴线时，应同时注明各有关轴线的编号，如图1-56所示。

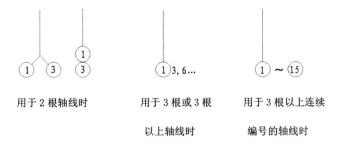

用于2根轴线时   用于3根或3根   用于3根以上连续

以上轴线时   编号的轴线时

图1-56 详图的轴线编号

8）通用详图中的定位轴线，只画圆，不注写轴线编号。

7. 尺寸标注

（1）尺寸界线、尺寸线及尺寸起止符号

1）图样上的尺寸，包括尺寸界线、尺寸线、尺寸起止符号和尺寸数字，如图1-57所示。

2）尺寸界线应用细实线绘制，一般应与被注长度垂直，图样轮廓线可用作尺寸界线，如图1-58所示。

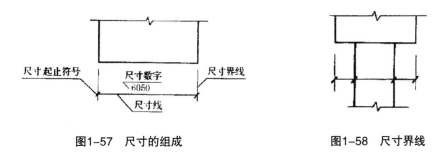

图1-57 尺寸的组成   图1-58 尺寸界线

3）尺寸线应用细实线绘制，应与被注长度平行。图样本身的任何图线均不得用作尺寸线。

4）尺寸起止符号一般用中粗斜短线绘制，其倾斜方向应与尺寸界线成顺时针45°角，长度宜为2~3mm。半径、直径、角度与弧长的尺寸起止符号，宜用箭头表示，如图1-59所示。

（2）尺寸数字

1）图样上的尺寸，应以尺寸数字为准，不得从图上直接量取。

2）图样上的尺寸单位，除标高及总平面以米为单位外，其他必须以毫米为

单位。

3）尺寸数字的方向，应按图1-60（a）的规定注写。若尺寸数字在30°斜线区内，也可按图1-60（b）的形式注写。

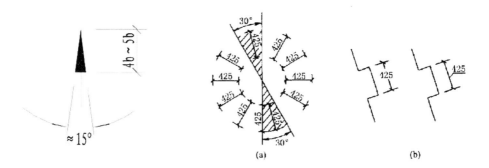

图1-59　箭头尺寸起止符号　　　　　图1-60　尺寸数字的注写方向

4）尺寸数字一般应依据其方向注写在靠近尺寸线的上方中部。如没有足够的注写位置，最外边的尺寸数字可注写在尺寸界线的外侧，中间相邻的尺寸数字可上下错开注写，引出线端部用圆点表示标注尺寸的位置，如图1-61所示。

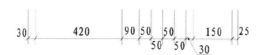

图1-61　尺寸数字的注写位置

（3）尺寸的排列与布置

1）尺寸宜标注在图样轮廓以外，不宜与图线、文字及符号等相交，如图1-62所示。

2）互相平行的尺寸线，应从被注写的图样轮廓线由近向远整齐排列，较小尺寸应离轮廓线较近，较大尺寸应离轮廓线较远，如图1-63所示。

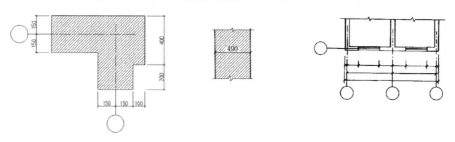

图1-62　尺寸数字的注写　　　　　　图1-63　尺寸的排列

3）图样轮廓线以外的尺寸界线，距图样最外轮廓之间的距离，不宜小于10mm。平行排列的尺寸线的间距，宜为 7 ~ 10mm，并应保持一致，如图1-63所示。

4）总尺寸的尺寸界线应靠近所指部位，中间的分尺寸的尺寸界线可稍短，但其长度应相等。

（4）半径、直径、球的尺寸标注

1）半径的尺寸线应一端从圆心开始，另一端画箭头指向圆弧。半径数字前应加注半径符号"R"，如图1-64所示。

2）较小圆弧的半径，可按图1-65的形式标注。

3）较大圆弧的半径，可按图1-66的形式标注。

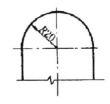

图1-64 半径标注方法

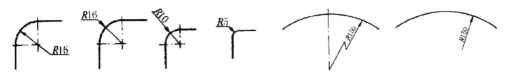

图1-65 小圆弧半径的标注方法　　　　图1-66 大圆弧半径的标注方法

4）标注圆的直径尺寸时，直径数字前应加直径符号"ϕ"。在圆内标注的尺寸线应通过圆心，两端画箭头指至圆弧，如图1-67所示。较小圆的直径尺寸，可标注在圆外，如图1-68所示。

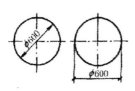

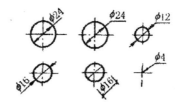

图1-67 圆直径的标注方法　　　　图1-68 小圆直径的标注方法

标注球的半径尺寸时，应在尺寸前加注符号"SR"。标注球的直径尺寸时，应在尺寸数字前加注符号"Sϕ"。注写方法与圆弧半径和圆直径的尺寸标注方法相同。

（5）角度、弧度、弧长的标注

1）角度的尺寸线应以圆弧表示。该圆弧的圆心应是该角的顶点，角的两条边为尺寸界线。起止符号应以箭头表示，如没有足够位置画箭头，可用圆点代替，角度数字应沿尺寸线方向注写如图1-69所示。

2）标注圆弧的弧长时，尺寸线应以与该圆弧同心的圆弧线表示，尺寸界线应指向圆心，起止符号用箭头表示，弧长数字上方应加注圆弧符号"⌒"，如图1-70所示。

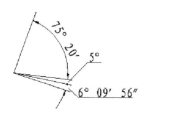

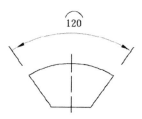

图1-69 角度标注方法

图1-70 弧长标注方法

3）标注圆弧的弦长时，尺寸线应以平行于该弦的直线表示，尺寸界线应垂直于该弦，起止符号用中粗斜短线表示，如图1-71所示。

（6）薄板厚度、正方形、坡度、非圆曲线等尺寸标注

1）在薄板板面标注板厚尺寸时，应在厚度数字前加厚度符号"t"，如图1-72所示。

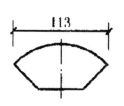

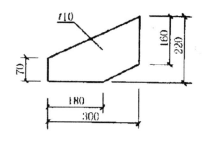

图1-71 弦长标注方法

图1-72 薄板厚度标注方法

2）标注正方形的尺寸，可用"边长×边长"的形式，也可在边长数字前加正方形符号"□"，如图1-73所示。

3）标注坡度时，应加注坡度符号"⌐"（图1-74a、b），该符号为单面箭头，箭头应指向下坡方向。坡度也可用直角三角形形式标注（图1-74c）。

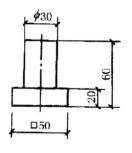

图1-73 标注正方形尺寸

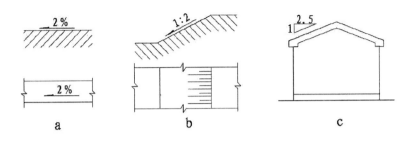

图1-74　坡度标注方法

4）外形为非圆曲线的构件，可用坐标形式标注尺寸，如图1-75所示。

5）复杂的图形，可用网格形式标注尺寸，如图1-76所示。

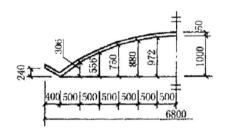

图1-75　坐标法标注曲线尺寸

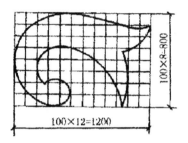

图1-76　网格法标注曲线尺寸

（7）尺寸的简化标注

1）杆件或管线的长度，在单线图（桁架简图、钢筋简图、管线简图）上，可直接将尺寸数字沿杆件或管线的一侧注写，如图1-77所示。

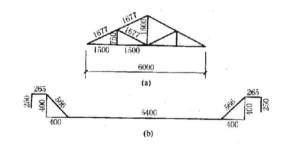

图1-77　单线图尺寸标注方法

2）连续排列的等长尺寸，可用"等长尺寸×个数=总长"的形式标注，如图1-78所示。

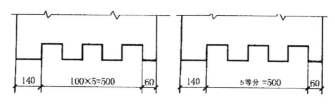

图1-78 等长尺寸简化标注方法

3）构配件内的构造因素（如孔、槽等）如相同，可仅标注其中一个要素的尺寸，如图1-79所示。

4）对称构配件采用对称省略画法时，该对称构配件的尺寸线应略超过对称符号，仅在尺寸线的一端画尺寸起止符号，尺寸数字应按整体全尺寸注写，其注写位置宜与对称符号对齐，如图1-80所示。

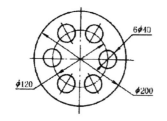

图1-79 相同要素尺寸标注方法

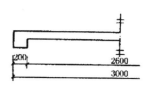

图1-80 对称构件尺寸标注方法

5）两个构配件，如个别尺寸数字不同，可在同一图样中将其中一个构配件的不同尺寸数字注写在括号内，该构配件的名称也应注写在相应的括号内，如图1-81所示。

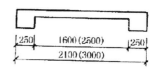

图1-81 相似构件尺寸标注方法

6）多个构配件，如仅某些尺寸不同，这些有变化的尺寸数字，可用拉丁字母注写在同一图样中，另列表格写明其具体尺寸如图1-82所示。

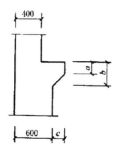

构件编号	a	b	c
Z-1	200	200	200
Z-2	250	450	200
Z-3	200	450	250

图1-82 相似构配件尺寸表格式标注方法

8. 标高

1）标高符号应以直角等腰三角形表示，按图1-83（a）所示形式用细实线绘制，如标注位置不够，也可按图1-83（b）所示形式绘制。标高符号的具体画法如图1-83（c）、（d）所示。

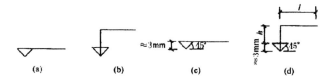

l-取适当长度注写标高数字；h-根据需要取适当高度

图1-83 标高符号

2）总平面图室外地坪标高符号，宜用涂黑的三角形表示，具体画法如图1-84所示。

3）标高符号的尖端应指至被注高度的位置。尖端宜向下，也可向上。标高数字应注写在标高符号的上侧或下侧，如图1-85所示。

图1-84 总平面图室外地坪标高符号

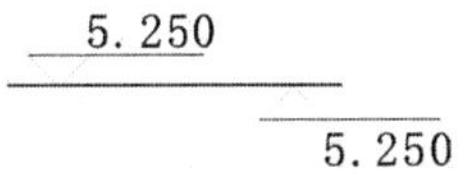

图1-85 标高的指向

4）标高数字应以"米"为单位，注写到小数点以后第三位。在总平面图中，可注写到小数字点以后第二位。

5）零点标高应注写成 ±0.000，正数标高不注"+"，负数标高应注"-"，例如 3.000、-0.600。

6）在图样的同一位置需表示几个不同标高时，标高数字可按图1-86的形式注写。

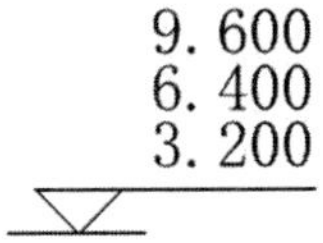

图1-86 同一位置注写多个标高数字

第二章 施工图构成与识读

第一节 施工图的组成及特点

1. 房屋的基本构成

构成房屋的构配件主要有：基础、内（外）墙、柱、梁、楼板、地面、屋顶、楼梯、门窗以及阳台、雨篷、女儿墙、压顶、踢脚板、勒脚、明沟或散水、楼梯梁、楼梯平台、过梁、圈梁、构造柱等。如图2-1所示。

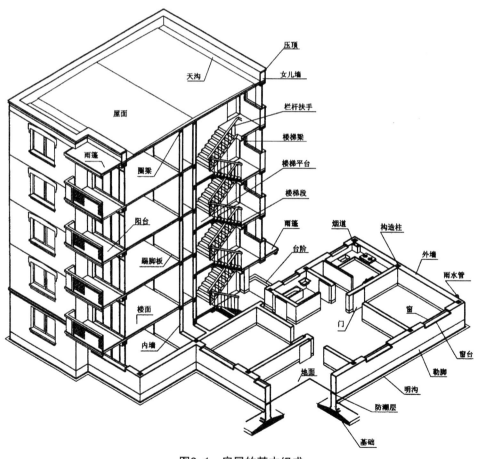

图2-1 房屋的基本组成

2. 施工图的组成

施工图是进行施工的"语言"，要读懂施工图，应当熟悉常用的规定、符号、表示方法和图例等。一套完整的施工图，一般分为：

（1）图纸目录

图纸目录是施工图的明细和索引，它应排在施工图纸的最前面，且不应编入图纸的序号内。目录中先列新绘的图纸，后列所选用的标准图纸或重复利用的图纸，如图2-2所示。

某住宅楼图样目录

序号	图样的内容	图别	备注	序号	图样的内容	图别	备注
1	设计说明、门窗表、工程做法表	建施1		19	给排水设计说明	水施1	
2	总平面图	建施2		20	一层给排水平面图	水施2	
3	一层平面图	建施3		21	楼层给排水平面图	水施3	
4	二~六层平面图	建施4		22	给水系统图	水施4	
5	地下室平面图	建施5		23	排水系统图	水施5	
6	屋顶平面图	建施6		24	采暖设计说明	暖施1	
7	南立面图	建施7		25	一层采暖平面图	暖施2	
8	北立面图	建施8		26	楼层采暖平面图	暖施3	
9	侧立面图、剖面图	建施9		27	屋顶采暖平面图	暖施4	
10	楼梯详图	建施10		28	地下室采暖平面图	暖施5	
11	外墙详图	建施11		29	采暖系统图	暖施6	
12	单元平面图	建施12		30	一层照明平面图	电施1	
13	结构设计说明	结施1		31	楼层照明平面图	电施2	
14	基础图	结施2		32	供电系统图	电施3	
15	楼层结构平面图	结施3		33	一层弱电平面图	电施4	
16	屋顶结构平面图	结施4		34	楼层弱电平面图	电施5	
17	楼梯结构图	结施5		35	弱电系统图	电施6	
18	雨篷配筋图	结施6					

图2-2　图纸目录

（2）设计总说明（即首页）

根据《建筑工程设计文件编制深度规定》的规定，建筑施工图设计说明应包括如图2-3所示的内容。

1）本子项工程施工图设计的依据性文件、批文和相关规范。

2）项目概况。内容一般应包括建筑名称、建设地点、建设单位、建筑面积、建筑基底面积、建筑工程等级、设计使用年限、建筑层数和建筑高度、防火设计建筑分类和耐火等级、人防工程防护等级、屋面防水等级、地下室防水等级、抗震设防烈度等，以及能反映建筑规模的主要技术经济指标，如住宅的套型和套数（包括每套的建筑面积、使用面积、阳台建筑面积。房间的使用面积可在平面图中标注）、旅馆的客房间数和床位数、医院的门诊人次和住院部的床位数、车库的停车泊位数等。

3）设计标高。本子项的相对标高与总图绝对标高的关系。

4）用料说明和室内外装修。

a.墙体、墙身防潮层、地下室防水、屋面、外墙面、勒脚、散水、台阶、坡道、油漆、涂料等的材料和做法，可用文字说明或部分文字说明，部分直接在图上引注或加注索引号；

b.室内装修部分除用文字说明以外亦可用表格形式表达，在表上填写相应的做法或代号；较复杂或较高级的民用建筑应另行委托室内装修设计；凡属二次装修的部分，可不列装修做法表及不进行室内施工图设计，但对原建筑设计、结构和设备设计有较大改动时，应征得原设计单位和设计人员的同意。

5）对采用新技术、新材料的做法说明及对特殊建筑造型和必要的建筑构造的说明。

6）门窗表及门窗性能（防火、隔声、防护、抗风压、保温、空气渗透、雨水渗透等）、用料、颜色、玻璃、五金件等的设计要求。

7）幕墙工程（包括玻璃、金属、石材等）及特殊的屋面工程（包括金属、玻璃、膜结构等）的性能及制作要求，平面图、预埋件安装图等以及防火、安全、隔音构造。

8）电梯（自动扶梯）选择及性能说明（功能、载重量、速度、停站数、提升高度等）。

9）墙体及楼板预留孔洞需封堵时的封堵方式说明。

建筑设计总说明

一、设计说明

1.本建筑工程为某城市型住宅，位于城市居住小区内，为单元式、多层住宅，每单元每层两户，一层为车库和杂物房，二层至七层为住宅。

2.建筑等级：耐久等级，Ⅱ级；耐火等级；Ⅱ级，建筑合理使用年限为50年，屋面防水等级为Ⅲ级，抗震烈度为6度。

3.建筑结构为框架结构。

4.室内+0.000标高与绝对标高关系详见单体设计。

二、设计依据

本设计根据《设计任务书》和严格遵照现行规范进行合理设计。

三、工程做法

（一）屋面做法

屋面板为现浇钢筋混凝土防水屋面板，进行有组织的排水，现浇板上1∶2水泥砂浆找平20mm厚，上铺改良性沥青防水卷材（八层做法，绿豆沙保护），隔热板为35mm配筋混凝土板，用180mm高条砖中距500mm垫空。

（二）地面做法

底层室外地面均为素土夯实上100厚C15混凝土，15厚1∶3水泥砂浆找平层，30厚C20细石混凝土，室内地面随打随抹光，为混凝土面层，室外地面随打随拉毛。

（三）楼面做法

楼面均为水泥砂浆找平。

（四）散水做法

素土夯实，50厚中砂铺垫，80厚C20混凝土随捣随光，宽600。

（五）外墙装修

外墙实体全部采用涂料面进行粉刷，分三道粉刷，具体颜色参照单体设计图纸。

（六）内墙装修

内墙部分为15厚1∶1∶4水泥石灰砂浆抹灰。

（七）楼梯及栏杆扶手装修

楼梯踏步为25mm厚水泥砂浆面层，所有楼梯栏杆和阳台处的护窗栏杆均为不锈钢。

门窗表

类别	设计编号	洞口尺寸		各层樘数			总樘数
		宽（mm）	高（mm）	底层	标准层（一~五层）	六层	
白铝白玻推拉窗	LC1	1500	1800		8×5	8	48
白铝白玻推拉窗	LC2	900	900		4×5	4	24
夹板门	M1	1200	2100		4×5	4	24
夹板门	M2	900	2100		12×5	12	72
成品塑料门	M3	800	2100		4×5	4	24
白铝白玻推拉门	TLM1	3000	2300		4×5	4	24
白铝白玻门连窗	MLC3	2380	2300		1×5	1	6
	MLC5	980	2300		1×5	1	6
卷帘门	JM1	2700	1890	4			4

（八）门窗

严格根据单体设计及门窗表选用，并满足相关规范要求。

各门窗尺寸详见门窗表。

四、其他

1.所有水、电、空调的管道井预留另见设计结构图。

2.各细部结构构造样见结构大样图。

3.电梯由建设单位根据尺寸定型号。

4.外露预埋铁件均油黑色防锈漆二道；木构件与砌体接触部分涂满水柏油。

五、未详尽处严格按国家现行规范执行

图2-3 设计总说明

（3）建筑施工图（简称建施）

建筑施工图主要表达建筑物的外部形状、内部布置、装饰构造、施工要求等。包括总平面图、各层平面图、立面图、剖面图以及墙身、楼梯、门、窗等构造详图。

（4）结构施工图（简称结施）

结构施工图主要表达承重结构的构件类型、布置情况及构造作法等。包括基础平面图、基础详图、结构布置图及各构件的结构详图。

（5）设备施工图（简称设施）

一般包括各层上水、消防、下水、热水、空调等平面图，上水、消防、下水、热水、空调等各系统的透视图或各种管道立管详图，厕所、盥洗室、卫生间等局部房间平面详图或局部做法详图，主要设备或管件统计表和设计说明等；各层动力、照明、弱电平面图，动力、照明系统图，弱电系统图，防雷平面图，非标准的配电盘、配电箱、配电柜详图和设计说明等。设备施工图，又可详细分为给排水施工图（水施）、暖通空调施工图（暖施）、电气施工图（电施）以及燃气施工图（燃施）等不同专业。

3.施工图的图示特点

1）施工图中的各图样，主要是用正投影法绘制的。通常，在H面上作平面图，在V面上作正、背立面图和在W面上作剖面图或侧立面图。在图幅大小允许下，可将平、立、剖面三个图样，按投影关系画在同一张图纸上，以便于阅读。如果图幅过小，平、立、剖面图可分别单独画出。

2）房屋形体较大，所以施工图一般都用较小比例绘制。由于房屋内各部分构造较复杂，在小比例的平、立、剖面图中无法表达清楚，所以还要配以大量较大比例的详图。

3）由于房屋的构、配件和材料种类很多，为作图简便起见，"国标"规定了一系列的图形符号来代表建筑构配件、卫生设备、建筑材料等，这种图形符号称为"图例"。为读图方便，"国标"还规定了许多标注符号。

第二节　门窗表及工程做法

1.门窗表

门窗表是一个子项工程中所有门窗的汇总和索引，目的在于方便土建施工和厂家制作。门窗表通常由类别、编号、洞门尺寸、樘数、引用标准图集及编号和备注组成，如表2-1所示。

表2-1 门窗表

统一编号	图集编号	洞口尺寸（长×高）	数量/个	材料	部位	备注
M-1	98J4（一）-51-2PM$_1$-59	1500×2700	2	塑钢	一层	现场订做
M-2		2400×2400	2	塑钢	一层	现场订做
M-3	98J4（二）-6-1M-37	900×2100	22	木	一~三层	现场订做
M-4	98J4（一）-51-2PM-69	1800×2700	4	塑钢	二~三层	现场订做
M-5	98J4（二）-6-1M-037	750×2100	2	木	二层	现场订做
M-6		2400×2700	2	塑钢	一~三层	现场订做
M-7	98J4（二）-6-1M-32	900×2000	8	木	地下室	现场订做
M-8	98J4（二）-6-1M-02	750×2000	2	木	地下室	现场订做
M-9	98J4（一）-54-2TM$_1$-57	1500×2100	2	塑钢	阁楼	现场订做
C-1	98J4（一）-39-1TC-76	2100×1800	2	塑钢	一层	现场订做
C-2	98J4（一）-39-1TC-66	1800×1800	8	塑钢	一~三层	现场订做
C-3	98J4（一）-38-1TC-53	1500×1800	8	塑钢	楼梯	参照订做
C-4	98J4（一）-39-1TC-46	1200×1800	12	塑钢	一~三层	现场订做
C-5	98J4（一）-39-1TC-86	2400×1800	6	塑钢	二~三层	现场订做
C-6	98J4（一）-39-1TC-73	2100×750	2	塑钢	地下室	参照订做
C-7	98J4（一）-38-1TC-64	1800×1200	4	塑钢	阁楼	现场订做
C-8	98J4（一）-38-1TC-63	1800×750	2	塑钢	地下室	参照订做
C-9	98J4（一）-38-1TC-43	1200×750	4	塑钢	地下室	参照订做

2. 工程做法

工程做法是介绍建筑物各部位的材料及其构造做法，通常采用三种表达方式：一是用文字逐层说明；二是引用标准图集的做法和编号；三是另绘构造节点详图并加注索引号。为直观和简练，多数情况下，工程做法一般以表格形式来表达，如表2-2所示。

表2-2　工程做法索引表

工程\n房间	地面	楼面	内墙面	顶棚	踢脚
卧室	—	楼12	内墙7	棚5	踢8C
卫生间	—	楼14	内墙35	棚23	
起居室	—	楼12	内墙7	棚5	踢8C
楼梯间	—	取消楼6中40厚细石混凝土垫层	内墙3	棚5	踢8C
厨房	—	楼14	内墙7	棚23	踢8C
阳台（有通风道）	—	楼14	内墙35	棚23	—
阳台（无通风道）	—	楼12	内墙35	棚23	—
地下室	100厚C20细石混凝土随打随抹；300厚3：7灰土垫层；素土夯实	—	内墙2（取消第1条）	棚3（取消第1条）	踢1C
备注	1. 一层楼面加60厚水泥珍珠岩保温层；20厚水泥砂浆找平层改为40厚细石混凝土垫层内配φ6@200钢筋。\n2. 卫生间地砖采用防滑地砖。\n3. 有地漏的房间室内楼面比标准层楼面低0.020。\n4. 内墙面喷刷涂料前用腻子刮平。				

第三节　施工图识图基本步骤

1. 识读施工图的步骤

一套房屋施工图纸，简单的有几张，复杂的有十几张、几十张甚至几百张。阅读时应首先根据图纸目录，检查和了解这套图纸有多少类别，每类有几张。如有缺损或需用标准图和重复利用旧图纸时，要及时配齐。再按目录顺序（按"建施"、"结施"、"设施"的顺序）通读一遍，对工程对象的建设地点、周围环境、建筑物的大小及形状、结构形式和建筑关键部位等情况先有一个概括的了解。然后，负责不同专业（或工种）的技术人员，根据不同要求，重点深入地看不同类别的图纸。阅读时，应先整体后局部，先文字说明后图样，先图形后尺寸等依次仔细阅读。阅读时还应特别注意各类图纸之间的联系，以避免发生矛盾而造成质量事故和经济损失。具体步骤如下：

（1）初步识读建筑整体概况

1）看工程的名称、设计总说明：了解建筑物的大小、工程造价、建筑物的类型。

2）看总平面图：看总平面图可以知道拟建建筑物的具体位置，以及与四周的关系。具体的有周围的地形、道路、绿地率、建筑密度、日照间距或退缩间距等。

3）看立面图：初步了解建筑物的高度、层数及外装饰等。

4）看平面图：初步了解各层的平面图布置、房间布置等。

5）看剖面图：初步了解建筑物各层的层高、室内外高差等。

（2）进一步识读建筑图详细情况

识读一张图纸时，应按由外向里、由大到小、由粗到细、图样与说明交替、有关图纸对照看的方法，重点看轴线及各种尺寸关系。

1）识读底层平面图：识读底层平面图可以知道轴线之间的尺寸、房间墙壁尺寸、门窗的位置等。知道各空间的功能，如房间的用途、楼梯间、电梯间、走道、门厅入口等。

2）识读标准层平面图：识读标准层平面图可以看出本层和上下层之间是否有变化，具体内容和底层平面图相似。

3）识读屋顶平面图：识读屋顶平面图可以看出屋顶的做法。如屋顶的保温材料、防火做法等。

4）识读剖面图：识读剖面图首先要知道剖切位置。剖面图的剖切位置一般都是房间布局比较复杂的地方，如门厅、楼梯等，可以看出各层的层高、总高、室内外高差以及了解空间关系。

5）识读立面图：从立面图上，可以了解建筑的外形、外墙装饰（如所用材料，色彩）、门窗、阳台、台阶、檐口等形状；了解建筑物的总高度和各部位的标高。

（3）仔细阅读说明或附注

凡是图样上无法表示而又直接与工程质量有关的一些要求，往往在图纸上用文字说明表达出来。这些都是非看不可的，它会告诉我们很多情况。如图2-3

所示的某建筑物的建筑设计说明中，介绍了工程的结构形式为框架结构，屋面有组织排水，护窗栏杆采用不锈钢等。通常情况下，设计说明中有些内容在图样上是没有表示，但又是施工人员必须掌握的。

（4）深入掌握具体做法

经过对施工图的识读以后，还需对建筑图上的具体做法进行深入掌握。如卫生间详细分隔做法、装修做法、门厅的详细装修、细部构造等。

要想熟练地识读施工图，除了要掌握投影原理、熟悉国家制图标准外，还必须掌握各专业施工图的用途、图示内容和方法。此外，还要经常深入到施工现场，对照图纸，观察实物，这也是提高识图能力的一个重要方法。

2. 常用专业名词

1）横向：指建筑物的宽度方向。

2）纵向：指建筑物的长度方向。

3）横向轴线：平行于建筑物宽度方向设置的轴线，用以确定横向墙体、柱、梁、基础的位置。

4）纵向轴线：平行于建筑物长度方向设置的轴线，用以确定纵向墙体、柱、梁、基础的位置。

5）开间：两相邻横向定位轴线之间的距离。

6）进深：两相邻纵向定位轴线之间的距离。

7）层高：指层间高度，即地面至楼面或楼面至楼面的高度。

8）净高：指房间的净空高度，即地面至顶棚下皮的高度。它等于层高减去楼地面厚度、楼板厚度和顶棚高度。

9）建筑高度：指室外地坪至檐口顶部的总高度。

10）建筑模数：建筑设计中选定的标准尺寸单位。它是建筑物、建筑构配件、建筑制品以及有关设备尺寸相互间协调的基础。

11）基本模数：建筑模数协调统一标准中的基本尺度单位，用符号M表示。

12）标志尺寸：用以标注建筑物定位轴线之间的距离（跨度、柱距、层高等）以及建筑制品、建筑构配件、组合件、有关设备位置界限之间的尺寸。

13）构造尺寸：是生产、制造建筑构配件、建筑组合件、建筑制品等的设计尺寸，一般情况下，构造尺寸为标志尺寸减去缝隙或加上支承尺寸。

14）实际尺寸：是建筑构配件、建筑组合件、建筑制品等生产制作后的实有尺寸，实际尺寸与构造尺寸之间的差数应符合建筑公差的规定。

15）定位轴线：用来确定建筑物主要结构构件位置及其标志尺寸的基准线，同时也是施工放线的基线。用于平面时称平面定位轴线；用于竖向时称为竖向定位轴线。

16）建筑朝向：建筑的最长立面及主要开口部位的朝向。

17）建筑面积：指建筑物外包尺寸的乘积再乘以层数，由使用面积、交通面积和结构面积组成。

18）使用面积：指主要使用房间和辅助使用房间的净面积。

19）交通面积：指走道、楼梯间和门厅等交通设施的净面积。

20）结构面积：指墙体、柱子等所占的面积。

第三章 建筑图快速识读

第一节 建筑总平面图快速识读

1. 总平面图的形成与作用

对于任何一幢将要建造的房屋，首先要说明该房屋建造在什么地方，周围的环境和原有的建筑物的情况怎样，哪些地方将要绿化，将来还要不要在附近建造其他房屋，该地区的风向和房屋朝向如何。这些问题都必须事先加以考虑。用来说明这些问题的图，叫做总平面图。

总平面图主要表示新建房屋的位置、朝向、与原有建筑物的关系，以及周围道路、绿化和给水、排水、供电条件等方面的情况，作为新建房屋施工定位、土方施工、设备管网平面布置，安排在施工时进入现场的材料和构件、配件堆放场地、构件预制的场地以及运输道路的依据。

2. 总平面图的基本内容

1）图名、比例。总平面图因包括的地方范围较大，所以绘制时一般都用较小的比例，如1：2000、1：1000、1：500等。

2）新建建筑所处的地形。若建筑物建在起伏不平的地面上，应画上等高线并标注标高。

3）新建建筑的具体位置，在总平面图中应详细地表达出新建建筑的定位方式。总平面图确定新建或扩建工程的具体位置，用定位尺寸或坐标确定。定位尺寸一般根据原有房屋或道路中心线来确定；当新建成片的建筑物和构筑物或较大的公共建筑或厂房时，往往用坐标来确定每一建筑物及道路转折点等的位置。施工坐标（坐标代号宜用"A、B"表示），若标测量坐标则坐标代号用"X、Y"表示。总平面图上标注的尺寸一律以米为单位，并且标注到小数点后两位。

4）注明新建房屋底层室内地面和室外整平地面的绝对标高。总平面图会注明新建房屋室内（底层）地面和室外整坪地面的标高。总平面图中标高的数值

49

以米为单位，一般标注到小数点后两位。图中所标注数值，均为绝对标高。

总平面图表明建筑物的层数，在单体建筑平面图角上，画有几个小黑点表示建筑物的层数。对于高层建筑可以用数字表示层数。

5）相邻有关建筑、拆除建筑的大小、位置或范围。

6）附近的地形、地物等，如道路、河流、水沟、池塘、土坡等。

7）指北针或风向频率玫瑰图。总平面图会画上风向频率玫瑰图或指北针，表示该地区的常年风向频率和建筑物、构筑物等的朝向。风向频率玫瑰图：是根据当地多年统计的各个方向吹风次数的百分数按一定比例绘制的。风吹方向是指从外面吹向中心。实线是全年风向频率，虚线是夏季风向频率。有的总平面图上也有只画上指北针而不画风向频率玫瑰图的。

8）绿化规划和给排水、采暖管道和电线布置。

3. 总平面图常用图例

在总平面图中，所表达的许多内容都用图例表示。在识读总平面图之前，应先熟悉这些图例。常见的总平面图图例，见表3-1。

4. 总平面图的识读步骤

1）看图名、比例及有关文字说明。

2）了解新建工程的总体情况。了解新建工程的性质与总体布置；了解建筑物所在区域的大小和边界；了解各建筑物和构筑物的位置及层数；了解道路、场地和绿化等布置情况。

3）明确工程具体位置。房屋的定位方法有两种，一种是参照物法，即根据已有房屋或道路定位;另一种是坐标定位法，即在地形图上绘制测量坐标网。标注房屋墙角坐标的方法，如图3-1所示。

4）确定新建房屋的标高。看新建房屋首层室内地面和室外整平地面的绝对标高，可知室内外地面的高差以及正负零与绝对标高的关系。

5）明确新建房屋的朝向。看总平面图中的指北针和风向频率玫瑰图可明确新建房屋的朝向和该地区的常年风向频率。有些图纸上只画出单独的指北针。

表3-1　常见总平面图图例

名称	图例	名称	图例
新建建筑物（可用▲表示出入口，可在图形内右上角用点数或数字表示层数）	8	原有建筑物	
计划扩建的预留地或建筑物		室内标高	151.00(±0.00)
拆除的建筑物		室外标高	•143.00 ▼143.00
建筑物下面的通道		挡土墙	
原有道路		挡土墙上设围墙	
计划扩建的道路		台阶	
拆除的道路		围墙及大门	
新建的道路	R9 150.00		
城市型道路断面（上图为双坡，下图为单坡）		围墙及大门	

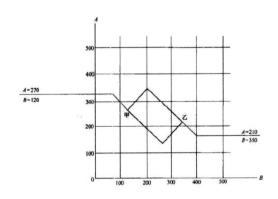

图3-1　建筑物坐标示意图

5. 识读实例

如图3-2所示为某建筑总平面图（部分节选）。

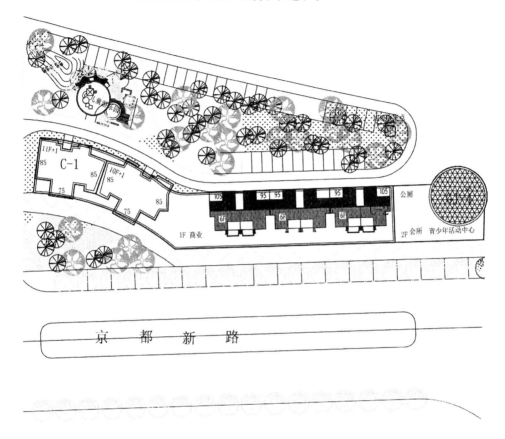

图3-2 总平面图（节选）

图3-2识读要点内容：

1）标示出了保留的地形和地物。

2）标示出了场地四邻原有及规划的道路、绿化带等的位置和主要建筑物、构筑物的位置、名称、层数、间距。

3）给出了道路、广场的主要坐标。

4）标示出了消防车道的布置。

5）给出了绿化、景观及休闲设置的布置示意。

6）标示出了指北针。

6.总平面图识读要点

1）必须阅读文字说明，熟悉图例和了解图的比例。

2）要了解总体布置、地形、地貌、道路、地上构筑物、地下各种管网布置走向和水、暖、电等在房屋的引入方向。

3）要确定房屋位置和标高的依据。

4）有时候总平面图会合并在建筑专业图内编号。

第二节　建筑平面图快速识读

1.平面图的概念

建筑平面图是表示建筑物在水平方向房屋各部分的组合关系。假想用一个水平剖切面，将建筑物在某层门窗洞口处剖开，移去剖切面以上的部分后，对剖切面以下部分所作的水平剖面图，即为建筑平面图，简称为平面图。建筑平面图用来表明建筑物的平面形状，各种房间的布置及相互关系，门、窗、入口、走道、楼梯的位置，建筑物的尺寸、标高，房间的名称或编号，是该层施工放线、砌砖、混凝土浇筑、门窗定位和室内装修的依据。还包括本图所引用的剖面图、详图的位置及其编号、文字说明等。

如图3-3所示是建筑平面图的形成。建筑平面图实质上是房屋各层的水平剖面图。平面图虽然是房屋的水平剖面图，但按习惯不必标注其剖切位置，也不称为剖面图。

一般房屋有几层，就应有几个平面图。一般房屋有首层平面图、标准层平面图、顶层平面图即可，在平面图下方应注明相应的图名及采用的比例。因平面图是剖面图，因此应按剖面图的图示方法绘制，即被剖切平面剖切到的墙、柱等轮廓用粗实线表示，未被剖切到的部分如室外台阶、散水、楼梯以及尺寸线等用细实线表示，门的开启线用中粗实线表示。

建筑平面图常用的比例是1：50、1：100或1：200，其中1：100使用最多。建筑平面图的方向宜与总平面图的方向一致，平面图的长边宜与横式幅面图纸的长边一致。

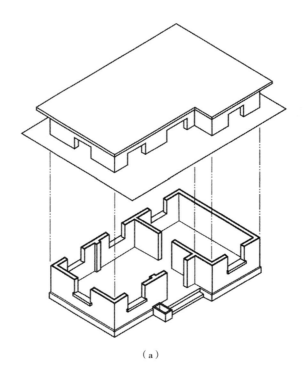

（a）

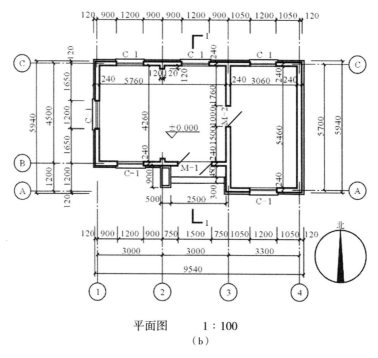

平面图　　　1∶100

（b）

图3-3　平面图的形成

平面图反映建筑物的平面形状和大小、内部布置、墙的位置、厚度和材料、门窗的位置和类型以及交通等情况，可作为建筑施工定位、放线、砌墙、安装门窗、室内装修、编制预算的依据。

2. 平面图的基本内容

1）建筑物平面的形状及总长、总宽等尺寸，房间的位置、形状、大小、用途及相互关系。从平面图的形状与总长总宽尺寸，可计算出房屋的用地面积。

2）承重墙和柱的位置、尺寸、材料、形状、墙的厚度、门窗的宽度等，以及走廊、楼梯（电梯）、出入口的位置、形式走向等。

3）门、窗的编号、位置、数量及尺寸。门窗均按比例画出。门的开启线为45°和90°，开启弧线应在平面图中表示出来。一般图纸上还有门窗数量表。门用M表示，窗用C表示，高窗用GC表示，并采用阿拉伯数字编号，如M1、M2、M3……C1、C2、C3……同一编号代表同一类型的门或窗。当门窗采用标准图时，注写标准图集编号及图号。从门窗编号中可知门窗共有多少种，一般情况下，在本页图纸上或前面图纸上附有一个门窗表，列出门窗的编号、名称、洞口尺寸及数量。

4）室内空间以及顶棚、地面、各个墙面和构件细部做法。

5）标注出建筑物及其各部分的平面尺寸和标高。在平面图中，一般标注三道外部尺寸。最外面的一道尺寸标出建筑物的总长和总宽，表示外轮廓的总尺寸，又称外包尺寸；中间的一道尺寸标出房间的开间及进深尺寸，表示轴线间的距离，称为轴线尺寸；里面的一道尺寸标出门窗洞口、墙厚等尺寸，表示各细部的位置及大小，称为细部尺寸，如图3-4所示。另外，还应标注出某些部位的局部尺寸，如门窗洞口定位尺寸及宽度，以及一些构配件的定位尺寸及形状，如楼梯、搁板、各种卫生设备等。

6）对于底层平面图，还应标注室外台阶、花池、散水等局部尺寸。

7）室外台阶、花池、散水和雨水管的大小与位置。

8）在底层平面图上画有指北针符号，以确定建筑物的朝向，另外还要画上剖面图的剖切位置，以便与剖面图对照查阅，在需要引出详图的细部处，应画出索引符号。对于用文字说明能表达更清楚的情况，可以在图纸上用文字来进行说明。

9）屋顶平面图上一般应表示出屋顶形状及构配件，包括女儿墙、檐沟、屋

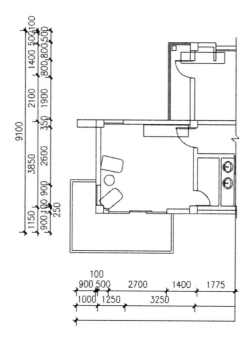

图3-4 平面图外部尺寸标注

面坡度、分水线与雨水口、变形缝、楼梯间、水箱间、天窗、上人孔、消防梯及其他构筑物、索引符号等。

3.平面图常用图例

建筑平面图常用的图例见表3-2所示。

表3-2 建筑平面图常用构件及配件图例

序号	名称	图例	说明
1	墙体		应加注文字或填充图例表示墙体材料，在项目设计图纸说明中列材料图例表给予说明
2	隔断		1.包括板条抹灰、木制、石膏板、金属材料等隔断 2.适用于到顶与不到顶隔断
3	栏杆		

56

序号	名称	图例	说明
4	楼梯	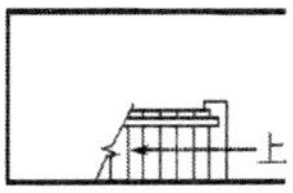上 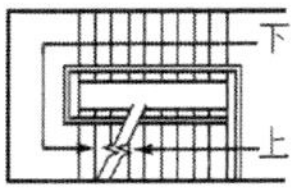下 上 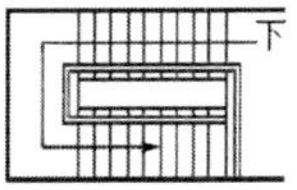下	1.上图为底层楼梯平面，中图为中间层楼梯平面，下图为顶层楼梯平面 2.楼梯及栏杆扶手的形式和梯段踏步数应按实际情况绘制
5	坡道	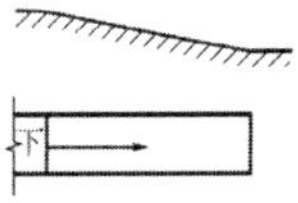下 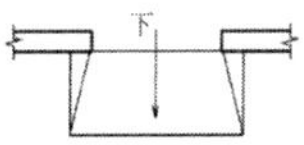下 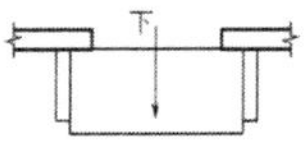下	上图为长坡道，下图为门口坡道
6	平面高差	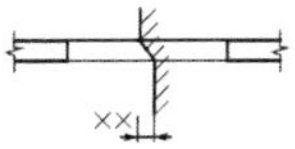××	适用于高差小于100mm的两个地面或楼面相接处
7	检查孔	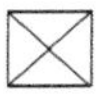	左图为可见检查孔 右图为不可见检查孔
8	孔洞		阴影部分可以涂色代替
9	坑槽	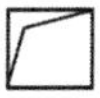	
10	墙预留洞	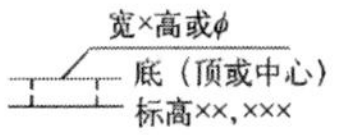宽×高或φ 底（顶或中心） 标高××, ×××	1.以洞中心或洞边定位 2.宜以涂色区别墙体和留洞位置
11	墙预留槽	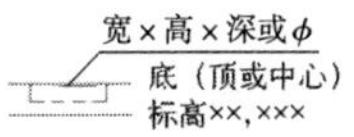宽×高×深或φ 底（顶或中心） 标高××, ×××	

序号	名称	图例	说明
12	烟道		1.阴影部分可以涂色代替 2.烟道与墙体为同一材料，其相接处墙身线应断开
13	通风道		
14	新建的墙和窗		1.本图以小型砌块为图例，绘图时应按所用材料的图例绘制，不易以图例绘制的，可在墙面上以文字或代号注明 2.小比例绘图时平、剖面窗线可用单粗实线表示
15	改建时保留的原有墙和窗		
16	应拆除的墙		
17	在原有墙或楼板上新开的洞		
18	在原有洞旁扩大的洞		
19	在原有墙或楼板上全部填塞的洞		
20	在原有墙或楼板上局部堵塞的洞		
21	空门洞		h为门洞高度

4. 建筑平面图识图步骤

（1）一层平面图的识读

1）了解平面图的图名、比例及文字说明。

2）了解建筑的朝向、纵横定位轴线及编号。

3）了解建筑的结构形式。

4）了解建筑的平面布置、作用及交通联系。

5）了解建筑平面图上的尺寸、平面形状和总尺寸。

6）了解建筑中各组成部分的标高情况。

7）了解房屋的开间、进深、细部尺寸。

8）了解门窗的位置、编号、数量及型号。

9）了解建筑剖面图的剖切位置、索引标志。

10）了解各专业设备的布置情况

（2）其他楼层平面图的识读

其他楼层平面图包括标准层平面图和顶层平面图，其形成与首层平面图的形成相同。在标准层平面图上，为了简化作图，已在首层平面图上表示过的内容不再表示。识读标准层平面图时，重点应与首层平面图对照异同。

（3）屋顶平面图的识读

屋顶平面图主要反映屋面上天窗、水箱、铁爬梯、通风道、女儿墙、变形缝等的位置以及采用标准图集的代号，屋面排水分区、排水方向、坡度，雨水口的位置、尺寸等内容。在屋顶平面图上，各种构件只用图例画出，用索引符号表示出详图的位置，用尺寸具体表示构件在屋顶上的位置。

5. 识读实例

图3-5为某建筑首层平面图。

图3-5识读要点内容：

1）如图中a处所示，M7表示编号为7的门，具体尺寸可以查门窗表。

2）如图中b处所示，C11表示编号为11的窗，具体尺寸可以查门窗表。

3）如图中c处所示，钢爬梯做法，应详查图集98ZJ501第40页详图。

4）如图中d处所示，表示卫生间详图，见建施15。

5）如图中e处所示，表示其详细做法，见第18页图纸第2个详图。

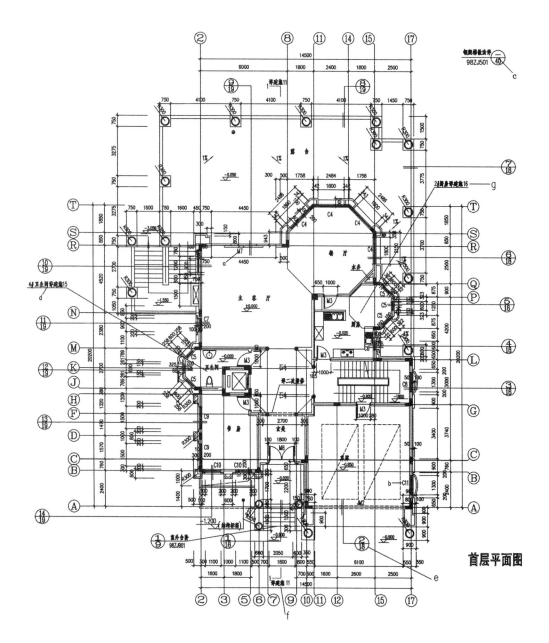

图3-5　首层平面图

首层平面图

6）如图中f处所示，为剖切符号，见图3-6。

图3-6 剖切符号

7）如图中g处所示，表示厨房具体做法，见建施16。

8）各种玄关、造型的平面位置。

6.建筑平面图识读要点

1）多层房屋的各层平面图，原则上从最下层平面图开始（有地下室时，从地下室平面图开始；无地下室时，从首层平面图开始）逐层读到顶层平面图，且不能忽视全部文字说明。

2）每层平面图，先从轴线间距尺寸开始，记住开间、进深尺寸，再看墙厚和柱的尺寸以及他们与轴线的关系，门窗尺寸和位置等。宜按先大后小、先粗后细、先主体后装修的步骤阅读，最后可按不同的房间，逐个掌握图纸上表达的内容。

3）认真校核各处的尺寸和标高有无标注错或遗漏的地方。

4）细心核对门窗型号和数量。掌握内装修的各处做法。统计各层所需过梁型号、数量。

5）将各层的做法综合起来考虑，了解上、下各层之间有无矛盾，以便从各层平面图中逐步树立起建筑物的整体概念，并为进一步阅读建筑专业的立面图、剖面图和详图，以及结构专业图打下基础。

第三节 建筑立面图快速识读

1.建筑立面图的形成与作用

建筑立面图相当于正投影图中的正立和侧立投影图，是建筑物各方向外表立面的正投影图。立面图是表示建筑物的体形和外貌，并表明外墙装修要求的图样。建筑立面是由许多部件组成的，这些部件包括门窗、墙柱、阳台、遮阳板、雨篷、勒脚、花饰等。

一般来说，建筑立面图的命名方法主要有三种：

1）按立面的主次命名。把建筑物的主要出入口或反映建筑物外貌主要特征的立面图称为正立面图，而把其他立面图分别称为背立面图、左侧立面图和右侧立面图等。

2）按建筑物的朝向命名。根据建筑物立面的朝向可分别称为南立面图、北立面图、东立面图和西立面图，如图3-7所示。

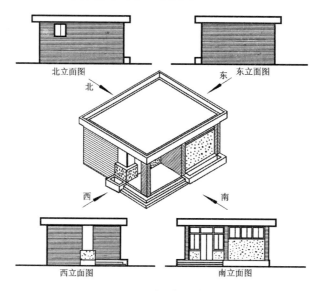

图3-7　按照朝向命名

3）按轴线编号命名。根据建筑物立面两端的轴线编号命名。如①~⑩立面图、Ⓐ~Ⓕ立面图等，如图3-8所示。

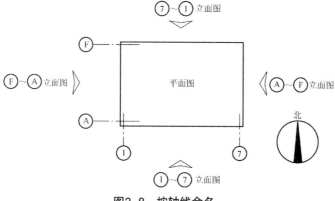

图3-8　按轴线命名

2.建筑立面图的基本内容

（1）立面图图面包含的内容

1）注明图名和比例。

2）表明一栋建筑物的立面形状及外貌。

3）反映立面上门窗的布置、外形以及开启方向。

由于立面图的比例小，因此，立面图上的门窗应按图例立面式样表示，并画出开启方向，如图3-9所示。开启线以人站在门窗外侧看，细实线表示外开，细虚线表示内开，线条相交一侧为合页安装边。相同类型的门窗只画出一两个完整的图形，其余的只画出单线图形。

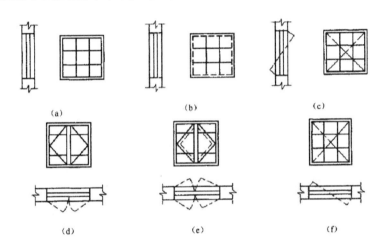

（a）单层固定窗；（b）双层固定窗；（c）单层中悬窗；

（d）单层外开平开窗；（e）双层内外平开开窗；（f）立转窗

图3-9　常用门窗图例

4）表明外墙面装饰的做法及分格。

5）表示室外台阶、花池、勒脚、窗台、雨罩、阳台、檐沟、屋顶和雨水管等的位置、立面形状及材料做法。

（2）立面图的尺寸标注

沿立面图高度方向标注三道尺寸：细部尺寸、层高及总高度。

1）细部尺寸。最里面一道是细部尺寸，表示室内外地面高差、防潮层位置、窗下墙高度、门窗洞口高度、洞口顶面到上一屋楼面的高度、女儿墙或挑檐板高度。

2）层高。中间一道表示层高尺寸，即上下相邻两层楼地面之间的距离。

3）总高度。最外面一道表示建筑物总高，即从建筑物室外地坪至女儿墙压顶（或至檐口）的距离。

（3）立面图的标高及文字说明

1）标高。标注房屋主要部分的相对标高。建筑立面图中标注标高的部位一般情况下有：室内外地面；出入口平台面；门窗洞的上下口表面；女儿墙压顶面；水箱顶面；雨篷底面；阳台底面或阳台栏杆顶面等。除了标注标高之外，有时还注出一些并无详图的局部尺寸，立面图中的长宽尺寸应该与平面图中的长宽尺寸对应。

2）索引符号及必要的文字说明。在立面图中凡是有详图的部位，都应该对应有详图索引符号，而立面面层装饰的主要做法，也可以在立面图中注写简要的文字说明。

3. 建筑立面图的识读步骤

一般来说，建筑立面图的识读可以从以下步骤开始：

1）了解图名、比例。

2）了解建筑的外貌。

3）了解建筑的竖向标高。

4）了解立面图与平面图的对应关系。

5）了解建筑物的外装修。

6）了解立面图上详图索引符号的位置与其作用。

4. 识读实例

图3-10为某建筑立面图。

图3-10识读要点内容：

1）此图表示在 *A-X* 立面上，建筑装饰的水平位置和竖直位置。

2）图中显示了屋顶的造型和尺寸。

3）图中给出了门窗的造型、尺寸和位置。

4）图中给出了栏杆的造型和尺寸。

5）图中①、②、③、④分别显示外墙装饰的不同做法。

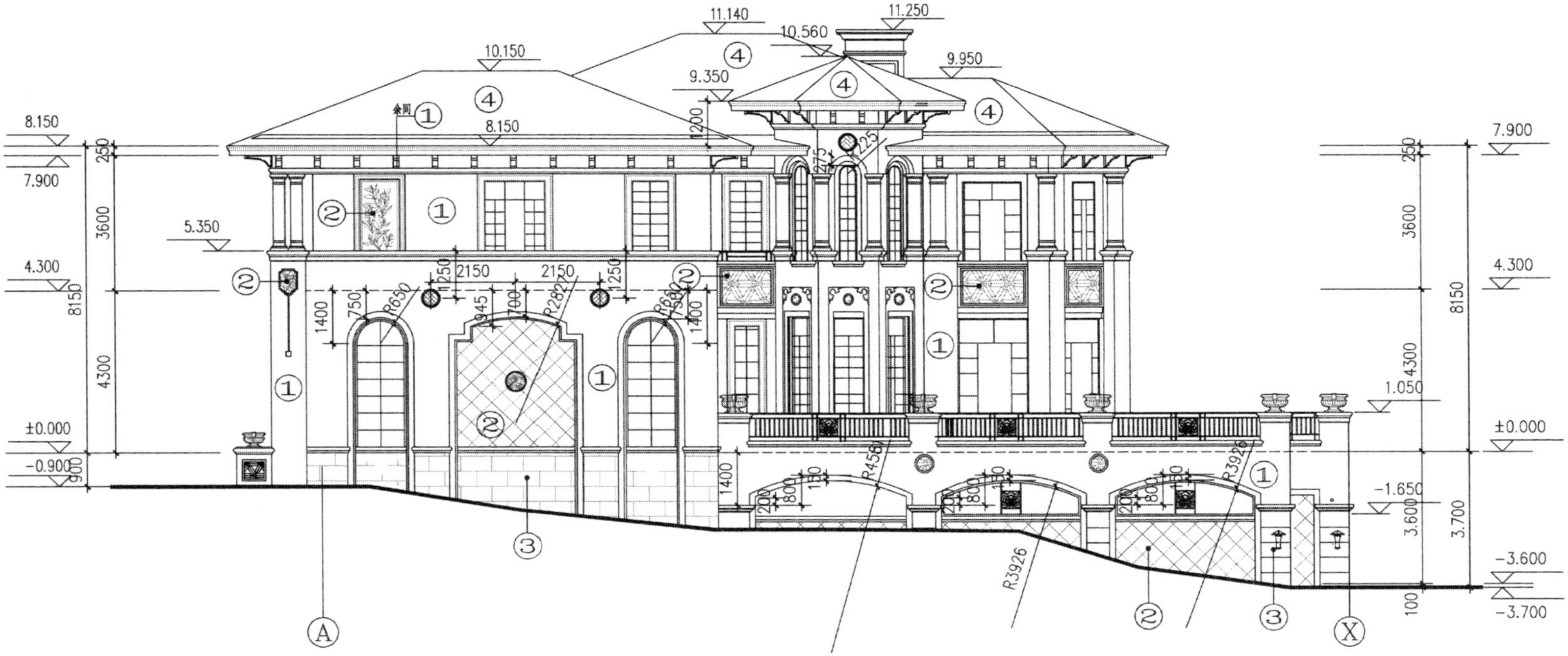

Ⓐ—Ⓧ立面图

图3-10　建筑立面图

65

5. 建筑立面图识读要点

1）首先应根据图名及轴线编号对照平面图，明确各立面图所表示的内容是否正确。

2）在明确各立面图标明的做法基础上，进一步校核各立面图之间有无不交圈的地方，从而通过阅读立面图建立起房屋外形和外装修的全貌。

第四节　建筑剖面图快速识读

1. 剖面图的形成与作用

从前面所看到的平面图和立面图中，可以了解到建筑物各层的平面布置以及立面的形状，但是无法得知层与层之间的联系。建筑剖面图就是用来表示建筑物内部垂直方向的结构形式、分层情况、内部构造以及各部位高度的图样。

（1）剖面图的形成

假想用一个或多个垂直于外墙轴线的铅垂剖切面，将房屋剖开，所得的投影图，称为建筑剖面图，简称剖面图。剖面图表示房屋内部的结构或构造形式、分层情况和各部位的联系、材料及其高度等，是与平、立面图相互配合的重要图样。剖切面一般横向，即平行于侧面，必要时也可纵向，即平行于正面。其位置应选择能反映出房屋内部构造比较复杂与典型的部位。剖面图的名称应与平面图上所标注的一致，如图3-11所示。

（2）剖面图的作用

建筑剖面图用来表达建筑物内部垂直方向尺寸、楼层分层情况与层高、门窗洞口与窗台高度及简要的结构形式和构造方式等情况。它与建筑平面图、立面图相配合，是建筑施工图中不可缺少的重要图样之一。因此，剖面图的剖切位置，应选择能反映房屋全貌、构造特征以及有代表性的部位，并在底层平面图中标明。

剖面图的剖切位置应选择在楼梯间、门窗洞口及构造比较复杂的典型部位或有代表性的部位，其数量应根据房屋的复杂程度和施工实际需要而定，在一般规模不大的工程中，房屋的剖面图通常只有一个。当工程规模较大或平面形状较复杂时，则要根据实际需要确定剖面图的数量，也可能是两个或几个。两

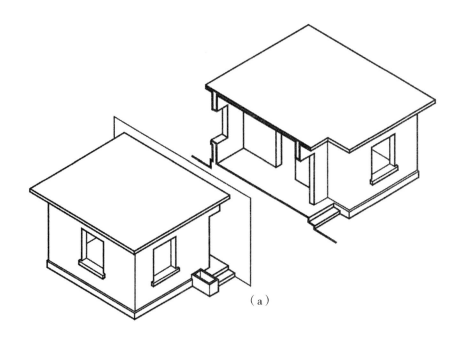

（a）

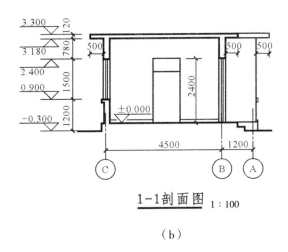

<u>1-1剖面图</u> 1：100

（b）

图3-11 剖面图的形成

层以上的楼房一般至少要有一个楼梯间的剖面图。剖面图的剖切位置和剖视方向，可以从底层平面图找到，剖切面一般横向，即平行于侧面，必要时也可纵向，即平行于正面。剖面图的名称必须与底层平面图上所标的剖切位置和剖视方向一致。

2. 剖面图的基本内容

剖面图一般包括以下内容：

1）注明图名和比例。

2）表明建筑物从地面至屋面的内部构造及其空间组合情况。

3）尺寸标注。剖面图的尺寸标注一般有外部尺寸和内部尺寸之分。外部尺寸沿剖面图高度方向标注三道尺寸，所表示的内容同立面图。内部尺寸应标注内门窗高度、内部设备等的高度。

4）标高。在建筑剖面图中应标注室外地坪、室内地面、各层楼面、楼梯平台等处的建筑标高，屋顶的结构标高。

5）表示各层楼地面、屋面、内墙面、顶棚、踢脚、散水、台阶等的构造做法。表示方法可以采用多层构造引出线标注。若为标准构造做法，则标注做法的编号。

剖面图的标高标注分建筑标高与结构标高两种形式。建筑标高是指各部位竣工后的上（或下）表面的标高；结构标高是指各结构构件不包括粉刷层时的下（或上）皮的标高，表示方法见图3-12所示。

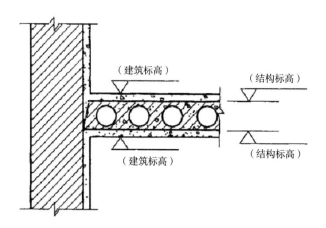

图3-12 建筑标高与结构标高注法示例

6）表示檐口的形式和排水坡度。檐口的形式有两种，一种是女儿墙，另一种是挑檐，见图3-13所示。

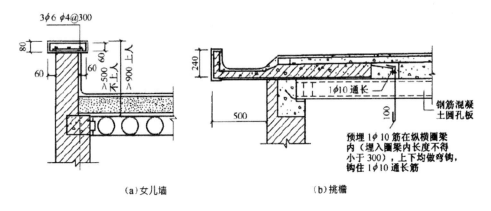

（a）女儿墙   （b）挑檐

图3-13　檐口形式

7）在建筑剖面图上另画详图的部位标注索引符号，表明详图的编号及所在位置。

3. 剖面图的识读步骤

1）了解图名、比例。

2）了解剖面图与平面图的对应关系。

3）了解被剖切到的墙体、楼板、楼梯和屋顶。

4）了解屋面、楼面、地面的构造层次及做法。

5）了解屋面的排水方式。

6）了解可见的部分。

7）了解剖面图上的尺寸标注。

8）了解详图索引符号的位置和编号。

4. 识读实例

图3-14为某建筑剖面图。

图3-14识读要点内容：

1）如图中a处所示，标示出了室内外高差。

2）如图中b处所示，给出了屋面坡度系数。

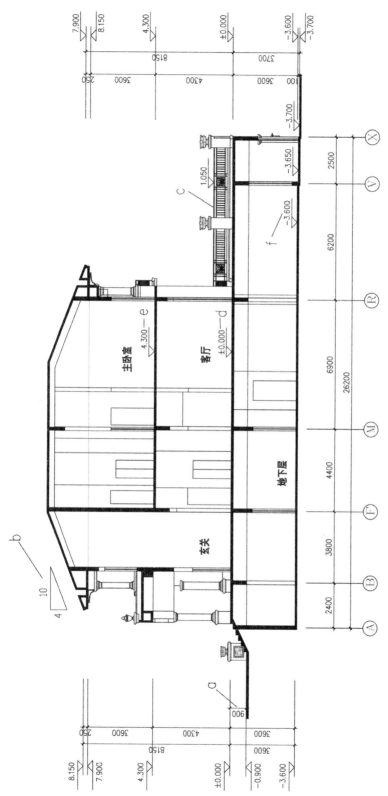

剖面图

图3-14　建筑剖面图

70

3）如图中c处所示，标示出了栏杆高度。

4）如图中d处所示，给出了一层底建筑标高。

5）如图中e处所示，给出了二层底建筑标高。

6）如图中f处所示，给出了地下室底建筑标高。

5.剖面图识读要点

1）按照平面图中标明的剖切位置和剖切方向，校核剖面图所标明的轴线号、剖切的部位和内容与平面图是否一致。

2）校对尺寸、标高是否与平面图、立面图相一致；校对剖面图中内装修做法与材料做法表是否一致。在校对尺寸、标高和材料做法中，加深对房屋内部各处做法的整体概念。

第五节 建筑平、立、剖面图整体识读

建筑平、立、剖面图是从不同角度用平面图表示一个立体建筑物。因此，在识读的过程中，要学会通过平面的图纸，在脑海中勾画出物体的立体形象。

通常而言，可以通过建筑平面图获得建筑物的长度和宽度参数，通过立面图和剖面图获得建筑物的长度(或宽度)和高度参数。从而完整了解建筑物的长、宽、高3个尺寸参数，这样才能准确判断物体的立体形状。

一般情况下，可以通过以下步骤逐步获取不同的数据参数：

1）以建筑平面图的轴线网为准，对照检查立面图和剖面图的轴线编号是否互相对位。

2）根据建筑平、立、剖面图，了解建筑物的外形及内部的大致形状。

3）根据建筑平面图、剖面图，看出墙体的厚度及所使用的材料。

4）根据建筑平面图、立面图，全面了解外墙门窗的尺寸、种类、数量和式样。

5）根据建筑平面图，了解每层房间的分布情况，了解内部隔墙、承重墙、门窗洞口分布的位置。

6）根据建筑平面图、剖面图，了解各房间的尺寸（长、宽、高）和门窗洞口的尺寸（宽和高）。

7）根据建筑剖面图，了解楼地面和屋面的构造做法，以及基础的位置。

8）根据建筑立面图、剖面图，了解建筑物的内外装修。

9）阅读索引符号，了解详图索引的位置，以便与有关详图对照阅读。

10）最后把建筑平面图、立面图、剖面图上的内容一一对照阅读，找出不同的图纸相互之间的位置对应关系，加深对图纸的全面理解。

一般来说，看完建筑平、立、剖面图之后，应该要对整个建筑物建立起一个大致具象的立体感觉。

第六节　建筑详图快速识读

1.建筑详图的概念与特点

（1）建筑详图概念

建筑详图是建筑细部的施工图。因为建筑平、立、剖面图一般采用较小的比例，因而某些建筑构配件（如门、窗、楼梯、阳台、各种装饰等）和某些建筑剖面节点（如檐口、窗台、明沟以及楼地面层和屋顶层等）的详细构造（包括式样、层次、做法、用料和详细尺寸等）都无法表达清楚。根据施工需要，必须另外绘制比例较大的图样，才能表达清楚，这种图样称为建筑详图（包括建筑构配件详图和剖面节点详图）。建筑详图是建筑平、立、剖面图的补充和深化。

（2）建筑详图的特点

1）比例较大，常用比例为1∶20、1∶10、1∶5、1∶2、1∶1等。

2）尺寸标注齐全、准确。

3）文字说明详细、清楚。

4）详图与其他图的联系主要采用索引符号和详图符号，有时也用轴线编号、剖切符号等。

5）对于采用标准图或通用详图的建筑构配件和剖面节点，只注明所用图集名称、编号或页次，而不画出详图。

（3）建筑详图的识读要点

1）首先要明确该详图与有关图的关系。根据所采用的索引符号、轴线编号、剖切符号等明确该详图所示部分的位置，将局部构造与建筑物整体联系起来，形成完整的概念。

2）读详图要细心研究，掌握有代表性部位的构造特点，灵活应用。一个建筑物由许多构配件组成，而它们多数都是相同类型，因此，只要了解一两个的构造及尺寸，可以类推其他构配件。

2. 建筑详图的基本内容

建筑详图所表现的内容相当广泛，可以不受任何限制。只要平、立、剖面图中没有表达清楚的地方都可用详图进行说明。因此，根据房屋复杂的程度，建筑标准的不同，详图的数量及内容也不尽相同。

一般来说，建筑详图包括外墙墙身详图、楼梯详图、卫生间详图、门窗详图以及阳台、雨棚和其他固定设施的详图。建筑详图中需要表明以下内容：

1）详图的名称、图例。

2）详图符号及其编号以及还需要另画详图时的索引符号。

3）建筑构配件（如门、窗、楼梯、阳台）的形状、详细构造。

4）细部尺寸等。

5）详细说明建筑物细部及剖面节点（如控口、窗台等）的形式、做法、用料、规格及详细尺寸。

6）表示施工要求及制作方法。

7）定位轴线及其编号。

8）需要标注的标高等。

3. 外墙详图的识读

（1）外墙详图的作用

外墙详图也叫外墙大样图，是建筑剖面图上外墙体的放大图样，表达外墙与地面、楼面、屋面的构造连接情况以及檐口、门窗顶、窗台、勒脚、防潮层、散水、明沟的尺寸、材料、做法等构造情况，是砌墙、室内外装修、门窗安装、编制施工预算以及材料估算等的重要依据。

在多层房屋中，各层构造情况基本相同，可只画墙脚、檐口和中间部分三个节点。门窗一般采用标准图集，为了简化作图，通常采用省略方法画，即门窗在洞口处断开。

（2）外墙详图包括的内容

1）外墙详图是建筑详图之一，通常采用的比例为1∶20。

2）墙与轴线的关系。表明外墙的厚度及轴线的关系，轴线在墙中央还是偏心布置，墙上哪儿有突出变化，均会标注清楚。

3）室内外地面处的节点构造。包括基础墙厚度、室内外地面标高以及室内地面、踢脚或墙裙，室外勒脚、散水或明沟、台阶或坡道，墙身防潮层、首层内外窗台的做法等。

4）楼层处的节点构造。指从下一层门或窗过梁到本层窗台部分，包括门窗过梁、雨罩、遮阳板、楼板及楼面标高、圈梁、阳台板及阳台栏杆或栏板，楼面、室内踢脚或墙裙、楼层内外窗台、窗帘盒或窗帘杆，顶棚或吊顶、内外墙面做法等。当几个楼层节点完全相同时，可用一个图样表示，同时标有几个楼面标高。

5）屋顶檐口处的节点构造。指从顶层窗过梁到檐口或女儿墙上皮部分，包括窗过梁、窗帘盒或窗帘杆，遮阳板、顶层楼板或屋架、圈梁、屋面、顶棚或吊顶，檐口或女儿墙、屋面排水天沟、下水口、雨水斗和雨水管等。

6）各处尺寸与标高标注。外墙详图上的尺寸和标高标注方法与立面图和剖面图的注法相同。此外，还应标注挑出构件（如雨罩、挑檐板等）挑出长度的细部尺寸及挑出构件的下皮标高。

7）对于不易表示得更为详细的细部做法，会注有文字说明或索引符号，表明另有详图表示。

（3）外墙详图识图步骤

1）了解墙身详图的图名和比例。

2）了解墙脚构造。

3）了解一层雨篷做法。

4）了解中间节点。

5）了解檐口部位。

（4）外墙详图识图实例

图3-15为某建筑外墙详图。

图3-15识读要点内容：

1）坡度系数为4/10×100%=25%，外墙节点做法见图右边所示详图。

2）檐口具体做法见详图1。

3）从图中能看出此建筑共两层，一层层高为4.300m，二层层高为7.900m。

4）一般来说，外墙立面会有造型，具体造型做法应对照立面图识读。

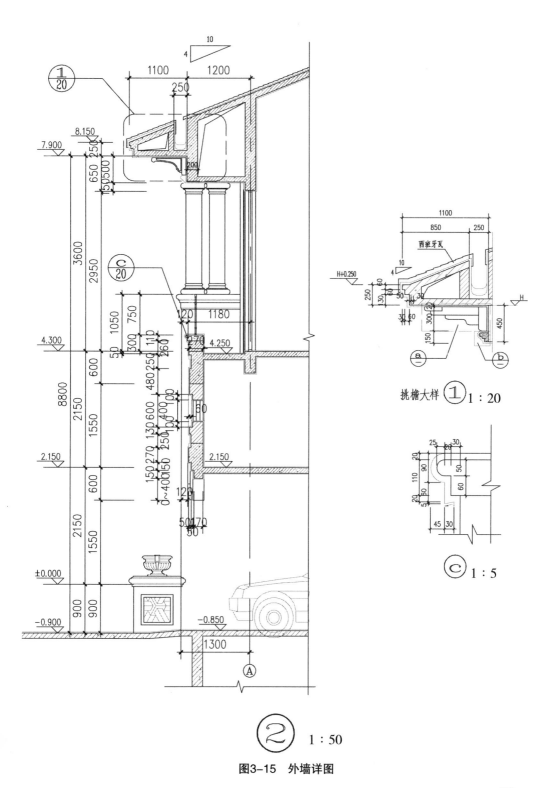

挑檐大样 ①1:20

西班牙瓦

H+0.250

© 1:5

② 1:50

图3-15 外墙详图

（5）外墙详图识读要点

1）由于外墙详图能够较明确、清楚地标明每项工程绝大部分的主体与装修的做法，所以除了读懂图面所表达的全部内容外，还应该认真仔细地与其他图纸联系起来进行识读。如勒脚以下基础墙做法要与结构专业的基础平面和剖面图联系起来进行识读，楼层与檐口、阳台、雨罩等也应和结构专业的各层顶板结构平面和剖面节点图联系起来进行识读，这样才能全面了解并对各图纸进行相互校核。

2）应反复校核各图中尺寸、标高是否一致，并与本专业其他图纸或者结构专业的图纸反复进行比较。由于设计人员的疏忽或者经验不足，经常会出现本专业图纸之间或者与其他专业图纸之间在尺寸、标高甚至做法上出现不统一的地方，如果不在识图阶段发现这些问题，会给后期施工带来很多困难。

3）除认真阅读详图中被剖切部分的做法外，对未剖切到的可见轮廓线也不能忽视，因为一条可见轮廓线就有可能代表一种材料和做法。

4. 楼梯详图的识读

（1）楼梯详图的概念

楼梯由楼梯段（简称梯段）、休息平台（包括平台板和梁）和栏杆（或栏板）与扶手等组成，如图3-16所示。楼梯是联系两个不同标高的平面的倾斜构件，上面做有踏步，踏步的水平面称为踏面，踏步的竖直面称为踢面。休息平台起休息和楼梯走向转换的作用，栏杆、栏板和扶手则是为了保证行人的安全。

楼梯按照布置类型分有：单跑楼梯（两个楼层之间只有一个梯段相连）、双跑楼梯（两个楼层之间有两个梯段联系）、三跑楼梯、转折楼梯、弧形楼梯、螺旋楼梯等。

楼梯按结构形式分有：板式楼梯和梁板式楼梯。板式楼梯梯段本身就是踏步板，踏步板两端直接与楼梯梁浇注在一起；梁板式楼梯其梯段由踏步板及斜梁组成，踏步板搁置在两侧的斜梁上，斜梁的两端搁置在梯段两端的楼梯梁上，如图3-17所示。

（2）楼梯详图的作用

由于楼梯的构造比较复杂，因此需要单独画出楼梯详图来反映楼梯的布置类型、结构形式以及踏步、栏杆扶手、防滑条等详细的构造方式、尺寸和装修做法。楼梯详图是楼梯放线、施工的依据。

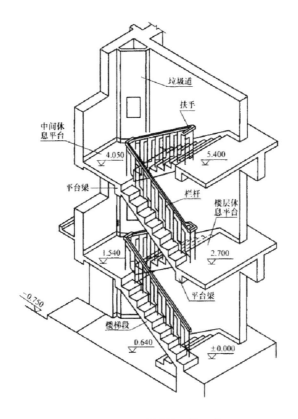

图3-16 楼梯的结构组成

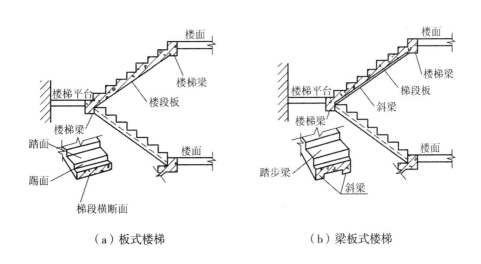

（a）板式楼梯　　　　　　（b）梁板式楼梯

图3-17 板式楼梯和梁板式楼梯

（3）楼梯详图的组成与识读步骤

楼梯详图一般由楼梯平面图、楼梯剖面图和节点详图组成。一般楼梯的建筑详图和结构详图是分别绘制的，但比较简单的楼梯有时也可将建筑详图和结构详图合并绘制列在建筑施工图或者结构施工图中。

1）楼梯平面图。楼梯平面图的形成与建筑平面图基本相同，就是将建筑平面图中的楼梯间比例放大后画出的图样，比例通常为1：50。楼梯平面图主要表达楼梯位置、墙身厚度、各层梯段、平台和栏杆扶手的布置以及梯段的长度、宽度和各级踏步宽度。

①首层平面图。当水平剖切平面沿底层上行第一梯段及单元入口门洞的某一位置切开时，向下投影得到的投影图即为首层平面图，如图3-18所示，从地

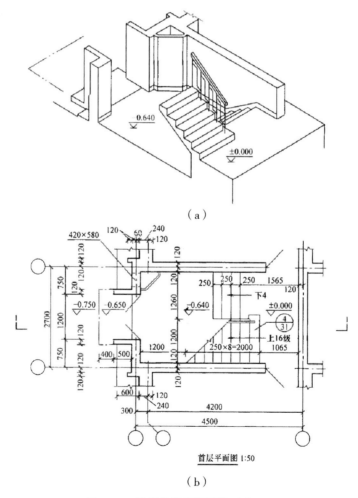

（a）

（b）

图3-18 楼梯首层平面图的形成

面往上走的第一梯段（休息平台下）的任一位置处。各层被剖切到梯段，均在平面图中以一根45°折断线表示。

a.剖切位置：只在首层平面图画出剖切符号，注明楼梯剖面图的剖切位置和投影方向。

b.轴线编号：注上轴线编号，与平面图、剖面图对应。

c.楼梯的走向及踏步的级数：在每一梯段处画有一长箭头，并注写"上"或"下"字和层间踏步级数，表明从该层地面往上或往下走多少步级可到达上（或下）一层的楼（地）面。梯段的"上"或"下"是以各层楼地面为基准标注的，向上者称上行，向下者称下行。例如"上18"，表示从底层地面往上走18级可到达第二层楼面。有时也可不标。

d.尺寸和标高：楼梯平面图中，需注出楼梯间的开间和进深尺寸、楼梯休息平台的宽度、楼地面和平台面的标高，以及各细部的详细尺寸。通常把梯段长度尺寸与踏面数、踏面宽的尺寸合并写在一起。梯段的踏面数（平面图上梯段踏面的投影数比梯段的实际级数少一级）×踏面宽度=梯段长度。

e.楼梯间的墙、门窗、构造柱，以及详图索引符号等。

②楼梯标准层平面图。当水平剖切平面沿二层上行第一梯段及梯间窗洞口的某一位置切开时，便可得到标准层平面图。

标准层平面图既画出被剖切的往上走的梯段（画有"上"字的长箭头），还画出该层往下走的完整的梯段（画有"下"字的长箭头）、楼梯平台以及平台往下的部分梯段。这部分梯段与被剖切的梯段的投影重合，以45°折断线为分界。其余同底层楼梯平面图。

③楼梯顶层平面图。当水平剖切沿顶层门窗洞口的某一位置切开时，便可得到顶层平面图。

顶层楼梯平面图由于剖切平面在安全栏板之上，未剖到楼梯，在图中能看到下一层到顶层之间的两段完整的梯段和楼梯平台，在梯口处只有一个注写有"下"字的长箭头。

通常，三个平面图画在同一张图纸内，并互相对齐，这样既便于阅读，又可省略标注一些重复的尺寸。

各层平面图上所画的每一分格，表示梯段的一级踏面。但因梯段最高一级的踏面与平台面或楼面重合，因此平面图中每一梯段画出的踏面（格）数，总比步级数少一格。

④楼梯平面图（图3-19）的识读步骤：

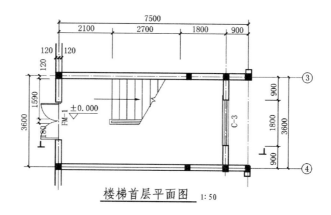

楼梯首层平面图 1:50

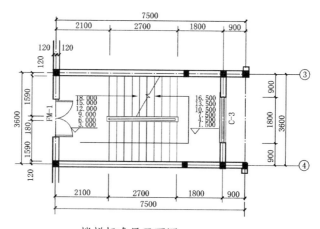

楼梯标准层平面图 1:50

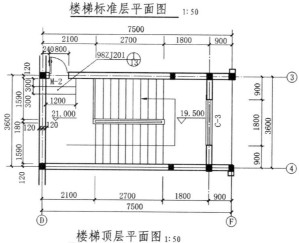

楼梯顶层平面图 1:50

图3-19　楼梯平面图

a.了解楼梯在建筑平面图中的位置及有关轴线的布置。

b.了解楼梯的平面形式、踏步尺寸、楼梯的走向以及上下行的起步位置。

c.了解楼梯间的开间、进深，墙体的厚度。

d.了解楼梯和休息平台的平面形式、位置，踏步的宽度和数量。

e.了解楼梯间各楼层平台、梯段、楼梯井和休息平台面的标高。

f.了解中间层平面图中三个不同梯段的投影。

g.了解楼梯间墙、柱、门、窗的平面位置、编号和尺寸。

h.了解楼梯剖面图在楼梯底层平面图中的剖切位置。

2）楼梯剖面图。楼梯剖面图是按楼梯底层平面图中的剖切位置及剖切方向画出的垂直剖面图。凡是被剖到的楼梯段、楼地面、休息平台用粗实线画出，并画出材料图例；没有被剖到的楼梯段用中实线或细实线画出轮廓线。在多层建筑中，楼梯剖面图可以只画出底层、中间层和顶层的剖面图，中间用折断线分开，将各中间层的楼面、休息平台的标高数字在所画的中间层相应标注，并加括号。

①楼梯剖面图（图3-20）的图示内容包括以下几部分：

a.图名与比例。楼梯剖面图的图名与楼梯平面图中的剖切编号相同，比例也与楼梯平面图的比例相一致。

b.轴线编号与进深尺寸。楼梯剖面图的轴线编号和进深尺寸与楼梯平面图的编号、尺寸相同。

c.楼梯的结构类型和形式。

d.建筑物的层数、楼梯段数及每段楼梯踏步个数和踏步高度（又称踢面高度）。

e.室内地面、各层楼面、休息平台的位置、标高及细部尺寸。

f.楼梯间门窗、窗下墙、过梁、圈梁等位置及细部尺寸。

g.楼梯段、休息平台及平台梁之间的相互关系。若为预制装配式楼梯，则应写出预制构件代号。

h.栏杆或栏板的位置及高度。

i.投影后所看到的构件轮廓线，如门窗、垃圾道等。

j.踏步、栏杆（板）、扶手等细部的详图索引符号。

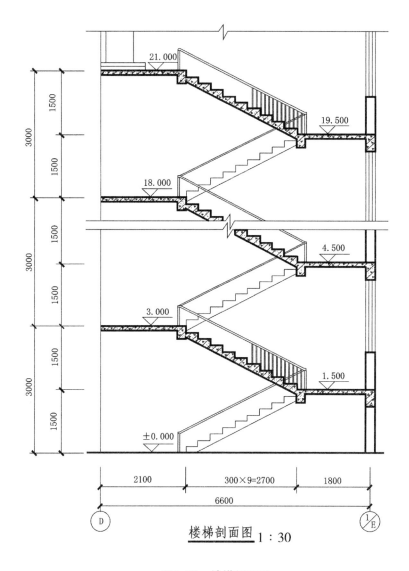

楼梯剖面图 1：30

图3-20　楼梯剖面图

②楼梯剖面图的识图步骤：

a.了解楼梯的构造形式。

b.了解楼梯在竖向和进深方向的有关尺寸。

c.了解楼梯段、平台、栏杆、扶手等的构造和用料说明。

d.了解被剖切梯段的踏步级数。

e.了解图中的索引符号。

③楼梯大样图

楼梯大样图主要表达楼梯栏杆、踏步、扶手的做法，如图3-21所示。如采用标准图集，则直接引注标准图集代号，如采用的形式特殊，则用1∶10、1∶5、1∶2或1∶1的比例详细表示其形状、大小、所采用材料以及具体做法。

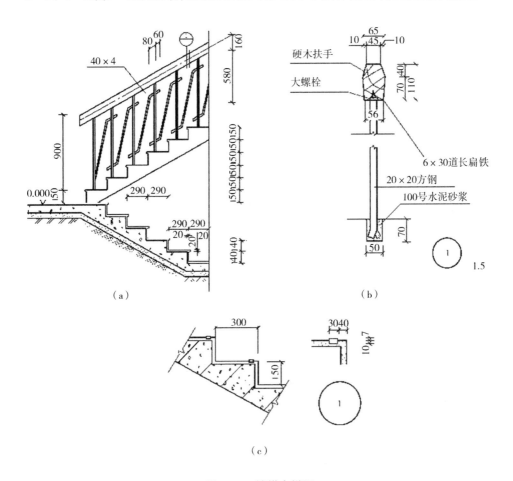

图3-21　楼梯大样图

栏板与扶手大样图主要表明栏板及扶手的型式、大小、所用材料及其与踏步的连接等情况。

踏步防滑条大样图主要表明做法，即防滑条的具体位置和采用的材料。

（4）楼梯详图识读实例

图3-22为某建筑楼梯详图。

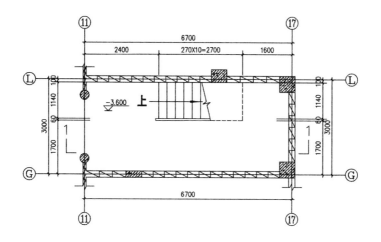

楼梯地下层平面

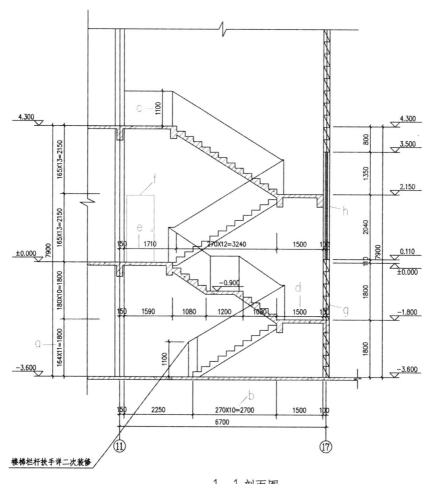

楼梯栏杆扶手详二次装修

1-1 剖面图

图3-22 楼梯详图

图3-22识读要点内容：

1）a、b表示地下室第一跑楼梯尺寸。

2）a表示楼梯踏步数为10+1=11步，踏步宽为270mm。

3）b表示楼梯踢面，数量为11步、高度为640mm。

4）c楼梯扶手高度为1100mm。

5）d为第一个休息平台的宽度。

6）e处为±0.000楼层平台宽度。

7）f±0.000外室内门。

8）g楼梯间墙体材料。

9）h楼梯间窗户。

（5）楼梯详图识读要点

1）根据轴线编号查清楚楼梯详图和建筑平、立、剖面图的关系。

2）楼梯间门窗洞口及圈梁的位置和标高，要与建筑平、立、剖面图和结构图对照识读。

3）当楼梯间地面标高低于首层地面标高时，应注意楼梯间墙防潮层的做法。

4）当楼梯详图建筑、结构两个专业分别绘制时，识读楼梯建筑详图要对照结构图，校核楼梯梁、板的尺寸和标高，是否与建筑装修相吻合。

5.门窗详图的识读

门窗详图是建筑详图之一，一般多采用标准图或通用图。如果采用标准图或通用图，在施工图中，只注明门窗代号（图3-23）并说明该详图所在标准图集的编号，不画出详图；如果没有标准图，则一定要画出门窗详图。

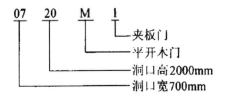

图3-23 门代号

（1）门窗详图组成

一般门窗详图由立面图、节点详图、五金表和文字说明四部分组成。

1）门窗立面图表明门窗的组合形式、开启方式、门窗各构件轮廓线、长度和高度尺寸（三道）及节点索引标志。

门窗立面图用较小的比例画出，根据相应的制图规范的规定，在建筑立面图上，用细实线表示门窗扇向外开，用虚线表示其向里开。线段交叉处是门窗开启时转轴所在位置，而非把手所在位置。门窗扇若平移，即推拉门窗，则用箭头来表示。如图3-24所示，（a）为中悬窗；（b）上部为下悬窗，下部为一扇固定窗；（c）上部为中悬窗和固定窗，下部为外开窗；（d）为双扇外开窗；（e）为推拉窗。

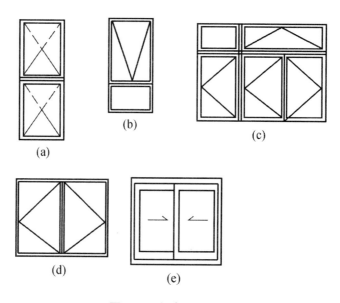

图3-24 门窗立面图

在立面图上高度和宽度方向都标注有两道尺寸。最外一道尺寸是洞口尺寸，也就是建筑平面图和剖面图上所注的尺寸（称为标志尺寸）；第二道尺寸是门框、门扇的立面尺寸，如图3-25所示。门窗洞口尺寸应与建筑平面图、剖面图的门窗洞口一致。

2）门窗节点详图表示门窗各构件的剖面图、详图符号、尺寸等。

3）门窗断面图表示某节点中各部件的用料和断面形状，还表示各部件的尺寸及其相互间的位置关系。

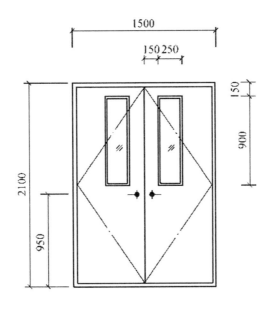

图3-25　门尺寸标注

（2）门窗详图识读实例

图3-26为某建筑的门窗详图。

图3-26识读要点内容：

1）a表示固定窗并表示窗的分格。

2）b表示推拉窗。

3）c右侧为轴，朝外开。

4）d上侧为轴，朝外开。

5）e左右分别为轴，双向外开。

6）f弧形窗的圆心位置，半径长度和夹角尺寸。

（3）门窗详图识读要点

1）从窗的立面图上了解窗的组合形式及开启方式。

2）从窗的节点详图中还可了解到各节点窗框、窗扇的组合情况及各木料的用料断面尺寸和形状。

3）门窗的开启方式由开启线决定，开启线有实线和虚线之分。

4）目前设计时常选用标准图册中的门窗，一般是用文字代号等说明所选用的型号，而省去门窗详图。此时，必须找到相应的标准图册，才能完整地识读该图。

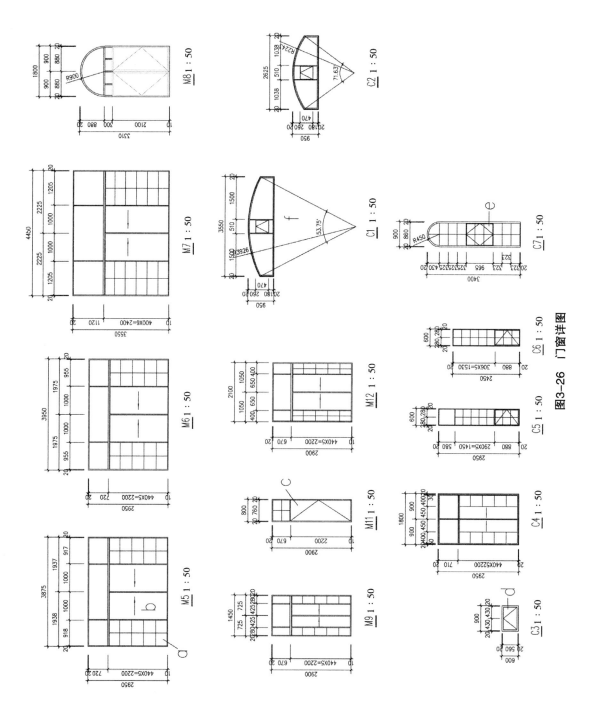

图3-26 门窗详图

88

第四章　建筑结构施工图快速识读

第一节　结构施工图基本知识

1. 结构施工图的内容与作用

（1）房屋结构与结构构件

建筑物的结构按所使用的材料可以分为木结构、砌体结构、混凝土结构、钢结构和混合结构等。混合结构是指不同部位的结构构件由两种或两种以上结构材料组成的结构，如砌体—混凝土结构、混凝土—钢结构。建筑结构根据其结构型式，可以分为排架结构、框架结构、剪力墙结构、筒体结构和大跨结构等。其中框架又称为刚架，是目前多层房屋的主要结构形式；剪力墙结构和筒体结构主要用于高层建筑。图4-1为混凝土结构示意图。

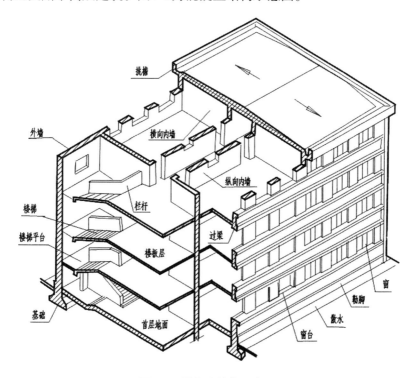

图4-1　混凝土结构示意图

（2）结构施工图的作用

房屋结构施工图是表达房屋承重构件（如基础、梁、板、柱及其他构件）的布置、形状、大小、材料、构造及其相互关系的图样，主要用来作为施工放线、开挖基槽、支模板、绑扎钢筋、设置预埋件、浇捣混凝土和安装梁、板、柱等构件及编制预算和施工组织计划等的依据。

（3）结构施工图内容

1）结构设计说明：结构设计说明是带全局性的文字说明，内容包括：抗震设计与防火要求、材料的选型、规格、强度等级、地基情况、施工注意事项、选用标准图集等。

2）结构平面布置图：结构平面布置图包括基础平面图、楼层结构平面布置图、屋面结构平面图等。

3）构件详图：构件详图内容包括梁、板、柱及基础结构详图、楼梯结构详图、屋架结构详图和其他详图（天窗、雨篷、过梁等）。

表4-1为某建筑的图纸目录，从中可以看出一套完成的结构施工图基本涵盖的内容。

表4-1　某住宅楼的结构图纸目录

序号	图号	图名	张数	备注
1	结施—01	结构设计总说明	1	
2	结施—02	基础平面图	1	
3	结施—03	基础详图	1	
4	结施—04	柱布置及地沟详图	1	
5	结施—05	一层顶梁配筋图	1	
6	结施—06	一层顶板配筋图	1	
7	结施—07	二至五顶梁板配筋图	1	
8	结施—08	六层顶梁板配筋图	1	
9	结施—09	屋面檩条布置图	1	
10	结施—10	楼梯结构图	1	

2. 结构施工图常用构件代号

为使图示简明扼要，便于查阅、施工，在结构施工图中，常用规定的代号来表示结构构件。构件的代号通常以构件名称的汉语拼音第一个大写字母表示，见表4-2。

表4-2 结构施工图常用构件代号

序号	名称	代号	序号	名称	代号
1	板	B	22	基础梁	JL
2	屋面板	WB	23	楼梯梁	TL
3	空心板	KB	24	框架梁	KL
4	槽型板	CB	25	框支梁	KZL
5	折板	ZB	26	屋面框架梁	WKL
6	密肋板	MB	27	檩条	LT
7	楼梯板	TB	28	屋架	WJ
8	盖板或沟盖板	GB	29	托架	TJ
9	挡雨板、檐口板	YB	30	天窗架	CJ
10	吊车安全走道板	DB	31	框架	KJ
11	墙板	QB	32	刚架	GJ
12	天沟板	TGB	33	支架	ZJ
13	梁	L	34	柱	Z
14	屋面梁	WL	35	框架柱	KZ
15	吊车梁	DL	36	构造柱	GZ
16	单轨吊车梁	DDL	37	承台	CT
17	轨道连接	DGL	38	设备基础	SJ
18	车档	CD	39	桩	ZH
19	圈梁	QL	40	挡土墙	DQ
20	过梁	GL	41	地沟	DG
21	连系梁	LL	42	柱间支撑	ZC

序号	名称	代号	序号	名称	代号
43	垂直支撑	CC	49	预埋件	M-
44	水平支撑	SC	50	天窗端壁	TD
45	梯	T	51	钢筋网	W
46	雨棚	YP	52	钢筋骨架	G
47	阳台	YT	53	基础	J
48	梁垫	LD	54	暗柱	AZ

注：①预制钢筋混凝土构件、现浇钢筋混凝土构件、钢构件和木构件，一般可直接采用本表中的构件代号。在设计中，当需要区别上述构件种类时，应在图纸中加以说明。

②预应力钢筋混凝土构件代号，应在构件代号前加注"Y"，如Y-KB表示预应力钢筋混凝土空心板。

3.结构施工图中钢筋识读

（1）常用钢筋符号

常用钢筋符号表示见表4-3所示。

表4-3　普通钢筋强度标准值

种类	符号	常用直径（mm）	钢筋等级
HPB 300（Q300）	ϕ	8~20	Ⅰ
HRB 335（20MnSi）	Φ	6 ~ 50	Ⅱ
HRB 400（20MnSiV、20MnSiNb、20MnTi）	Φ	6 ~ 50	Ⅲ
RRB 400（K20MnSi）	Φ^R	8 ~ 40	Ⅳ

（2）钢筋的标注

钢筋的直径、根数及相邻钢筋中心距在图样上一般采用引出线方式标注，其标注形式有下面两种：

1）标注钢筋的根数和直径，如图4-2所示。

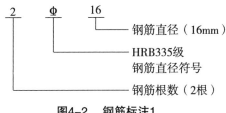

图4-2　钢筋标注1

2）标注钢筋的直径和相邻钢筋中心距，如图4-3所示。

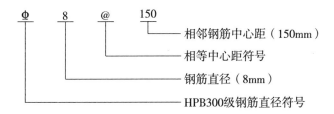

图4-3　钢筋标注2

（3）构件中钢筋的名称

配置在钢筋混凝土结构中的钢筋（图4-4），按其作用可分为以下几种：

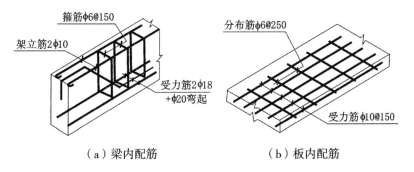

（a）梁内配筋　　　　　（b）板内配筋

图4-4　构件中钢筋的名称

1）受力筋。承受拉、压应力的钢筋。配置在受拉区的称受拉钢筋；配置在受压区的称受压钢筋。受力筋还分为直筋和弯起筋两种。

2）箍筋。承受部分斜拉应力，并固定受力筋的位置。

3）架立筋。用于固定梁内钢箍位置；与受力筋、钢箍一起构成钢筋骨架。

4）分布筋。用于板内，与板的受力筋垂直布置，并固定受力筋的位置。

当受力钢筋为Ⅰ级钢筋时，钢筋的端部设弯钩，以加强与混凝土的握裹力，如图4-5所示；如果是带肋钢筋，端部不必设弯钩。

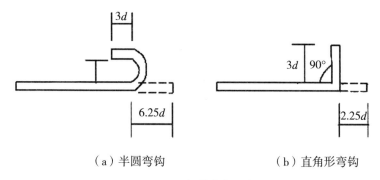

（a）半圆弯钩　　　　　　（b）直角形弯钩

图4-5　钢筋弯钩形式

5）构造筋。因构件构造要求或施工安装需要而配置的钢筋，如腰筋、预埋锚固筋、吊环等。

（4）钢筋表示层

钢筋的一般表示方法与接头见表4－4~表4-6所示。

表4-4　普通钢筋的一般表示法

序号	名称	图例	说明
1	钢筋横断面	●	—
2	无弯钩的钢筋端部		下图表示长、短钢筋投影重叠时，短钢筋的端部用45° 斜划线表示
3	带半圆形弯钩的钢筋端部		—
4	带直钩的钢筋端部		—
5	带丝扣的钢筋端部		—
6	无弯钩的钢筋搭接		—
7	带半圆弯钩的钢筋搭接		—
8	带直钩的钢筋搭接		—
9	花篮螺丝钢筋接头		—
10	机械连接的钢筋接头		用文字说明机械连接的方式

表4-5　预应力钢筋的表示方法

序号	名　称	图　例
1	预应力钢筋或钢绞线	
2	后张法预应力钢筋断面 无黏结预应力钢筋断面	
3	单根预应力钢筋断面	
4	张拉端锚具	
5	固定端锚具	
6	锚具的端视图	
7	可动联结件	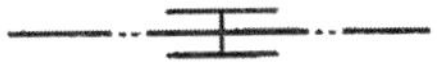
8	固定联结件	

表4-6　钢筋焊接接头标注方法

名称	接头型式	标注方法	名称	接头型式	标注方法
单面焊接的钢筋接头			接触对焊（闪光焊）的钢筋接头		
双面焊接的钢筋接头			坡口平焊的钢筋接头	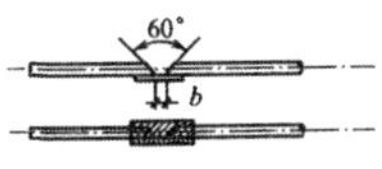	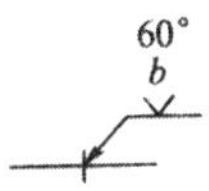 60° b
用帮条单面焊接的钢筋接头				60° b	
用帮条双面焊接的钢筋接头			坡口立焊的钢筋接头	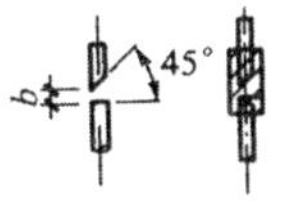 45°	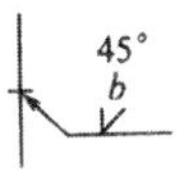 45° b

（5）钢筋的尺寸标注

受力钢筋的尺寸按外尺寸标注，箍筋的尺寸按内尺寸标注，如图4-6所示。

95

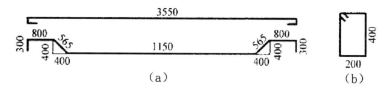

图4-6 钢筋尺寸标注简图

（a）受力钢筋尺寸标注；（b）箍筋尺寸标注

（6）钢筋的混凝土保护层

为防止钢筋锈蚀，加强钢筋与混凝土的黏结力，在构件中的钢筋外缘到构件表面应保持一定的厚度，该厚度称为保护层。保护层的厚度应查阅设计说明。当设计无具体要求时，保护层厚度应不小于钢筋直径，并应符合表4-6的要求。

表4-6 钢筋混凝土保护层厚度（mm）

环境与条件	构件名称	混凝土强度等级		
		低于C25	C25及C30	高于C30
室内正常环境	板、墙、壳	15		
	梁和柱	25		
露天或室内高湿度环境	板、墙、壳	35	25	15
	梁和柱	45	35	25
有垫层	基础	35		
无垫层		70		

4. 结构施工图的识读要点

1）由大到小，由粗到细。在识读结构施工图时，首先应识读结构平面布置图，然后识读构件图，最后才能识读构件详图或断面图。

2）仔细识读设计说明或附注。在建筑工程施工图中，对于拟建建筑物中一些无法直接用图形表示的内容，而又直接关系工程的做法及工程质量，往往以文字要求的形式在施工图中适当的页次或某一张图纸中适当的位置表达出来。显然，这些说明或附注同样是图纸中的主要内容之一，不但必须看，而且必须看懂并且认真、正确地理解。例如建施中墙体所用的砌块，正常情况下均不会以图形的形式表示其大小和种类，更不可能表示出其强度等级，只好在设计说明中以文字形式来表述。再如，在结施中，楼板图纸中的分布筋，同样无法在图中画出，只能以附注的形式表达于同一张施工图中。

3）牢记常用图例和符号。在建筑工程施工图中，为了表达的方便和简捷，也让识读人员一目了然，在图样绘制中有很多的内容采用符号或图例来表示。因此，对于识读人员务必牢记常用的图例和符号，这样才能顺利地识读图纸，避免识读过程中出现"语言"障碍。施工图中常用的图例和符号是工程技术人员的共同语言或组成这种语言的字符。

4）注意尺寸及其单位。在图纸中的图形或图例均有其尺寸，尺寸的单位为"米（m）"和"毫米（mm）"两种，除了图纸中的标高和总平面图中的尺寸用米为单位外，其余的尺寸均以毫米为单位，且对于以米为单位的尺寸在图纸中尺寸数字的后面一律不加注单位，共同形成一种默认。

5）不得随意变更或修改图纸。在识读施工图过程中，若发现图纸设计或表达不全甚至是错误时，应及时准确地作出记录，但不得随意地变更设计，或轻易地加以修改，尤其是对有疑问的地方或内容，可以保留意见。在适当的时间，对设计图纸中存在的问题或合理性的建议，向有关人员提出，并及时与设计人员协商解决。

第二节　建筑结构施工图平法识读

1. 平法设计

（1）平法设计概念

建筑结构施工图平面整体表示设计方法(简称平法)是把结构构件的尺寸和配筋等，按照平面整体表示法制图规则，整体直接表达在各类构件的结构平面布置图上，再与标准构造详图相配合，即构成一套新型完整的结构设计。

平法的表达形式，概括来讲，是把结构构件的尺寸和配筋等，按照平面整体表示方法制图规则，整体直接表达在各类构件的结构平面布置图上，再与标准构造详图相配合，即构成一套新型完整的结构设计。它改变了传统的那种将构件从结构平面布置图中索引出来，再逐个绘制配筋详图的繁琐方法。按此方法绘制的施工图，一般由各类结构构件的平法施工图和标准构造详图两大部分构成，对于复杂的工业与民用建筑，还需增加模板、开洞和预埋件等平面图。

（2）平法设计的注写方式

按平法设计绘制的结构施工图，必须根据具体工程设计，按照各类构件的平法制图规则，再按结构层绘制的平面布置图上直接表示各构件的尺寸、配筋和所选用的标准构造详图。

在平面布置图上表示各构件尺寸和配筋的方式，分平面注写方式、列表注写方式和截面注写方式三种。

按平法设计绘制结构施工图时，应将所有柱、墙、梁构件进行编号，并用表格或其他方式注明各结构层楼（地）面标高、结构层高及相应的结构层号。

2.柱平法施工图

柱平法施工图是在柱平面布置图上采用列表方式或截面注写方式表达，并按规定注明各结构层的楼面标高、结构层高及相应的结构层号。

（1）列表注写方式

列表注写方式就是在柱平面布置图上，分别在同一编号的柱中选择一个（有时需要选择几个）截面标注几何参数代号；在柱表中注写柱号、柱段起止标高、几何尺寸（含柱截面对轴线的偏心情况与配筋的具体数值），并配以各种柱截面形状及箍筋类型图的方式，来表达柱平法施工图。

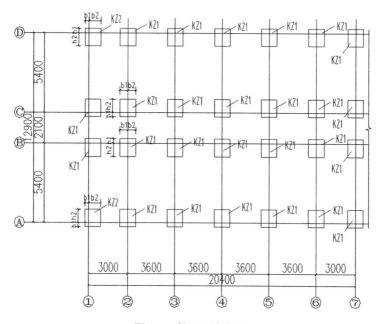

图4-7　柱平面布置图

1）注写柱编号：柱编号由类型编号和序号组成。编号方法见表4-7。

表4-7 柱编号表

柱类型	代号	序号	柱类型	代号	序号
框架柱	KZ	XX	梁上柱	LZ	XX
框支柱	KZZ	XX	剪力墙上柱	QZ	XX
芯柱	XZ	XX			

2）注写各段柱的起止标高：自柱根部往上以变截面位置或截面未变但配筋改变处为界分段注写。

3）对于矩形柱，注写柱截面尺寸$b×h$及与轴线关系到的几何参数代号b_1、b_2和h_1、h_2的具体数值，须对应于各段柱分别注写。对于圆柱，则是在直径数字前加d表示。

4）注写柱纵筋：包括钢筋级别、直径和间距，分角筋、截面b边中部筋和h边中部筋三项。

5）注写箍筋类型号及箍筋肢数，在箍筋类型栏内注写柱截面形状及其箍筋类型号。包括钢筋级别、直径与间距。

（2）截面注写

截面注写方式是在标准层绘制的柱平面布置图上，分别在同一编号的柱中选择一个截面，并将此截面在原位放大，以直接注写截面尺寸和配筋具体数值，如图4-8所示。

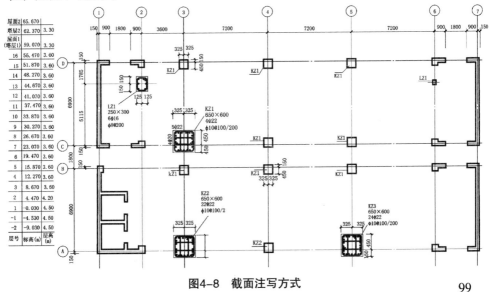

图4-8 截面注写方式

2. 梁平法施工图

梁平法施工图是在梁平面布置图上采用平面注写方式或截面注写方式表达梁的结构相关信息，按规定注明各结构层的顶面标高及相应的结构层号。

（1）平面注写方式

平面注写方式其实就是在梁平面布置图上，分别在不同编号的梁中各选一根梁，在其上标注出截面尺寸和配筋具体数值的方式来表达梁平法施工图，包括集中标注和原位标注两种方法。

平法标注法中，集中标注表达梁的通用数值，原位标注表达梁的特殊数值，在读施工图时，原位标注取值优先。如图4-9所示，其中四个梁截面图采用传统表示方法绘制用于表达梁平面注写方式表达的内容，实际采用平法制图时则没有梁截面配筋图。

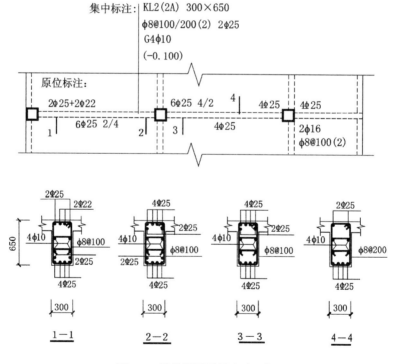

图4-9　梁的平面注写方式示例

1）梁集中标注的内容，从中可以读取五项肯定有的数值及一项可能有的数值：

①梁编号，它由梁类型代号、序列号、跨数及有无悬挑代号几项组成，如表4-8所示。例如：WKL6（4A）表示第6号屋面框架梁，4跨，一端有悬挑。

表4-8　梁编号

梁类型	代号	序号	跨数及有无悬挑
楼层框架梁	KL	XX	（XX）、（XXA）或（XXB）
屋面框架梁	WKL	XX	（XX）、（XXA）或（XXB）
框支梁	KZL	XX	（XX）、（XXA）或（XXB）
非框架梁	L	XX	（XX）、（XXA）或（XXB）
悬挑梁	XL	XX	（XX）、（XXA）或（XXB）
井字梁	JZL	XX	（XX）、（XXA）或（XXB）

注：（XX）仅表示跨数，无悬挑，（XXA）表示一端有悬挑，（XXB）表示两端有悬挑，悬挑不计入跨数。

②梁截面尺寸，当为等截面梁时，用$b \times h$表示；当为加腋梁时，用$b \times h$ $YC_1 \times C_2$表示，其中C_1表示腋长，C_2表示腋高，如图4-10所示；当有悬挑梁且根部和端部的高度不同时，用斜线分隔根部与端部的高度值，即$b \times h_1/h_2$，如图4-11所示。

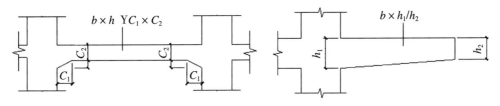

图4-10　加腋梁截面尺寸示意图　　　图4-11　悬挑梁不等高截面示意图

③梁箍筋，包括钢筋级别、直径、加密区与非加密区间距及肢数。箍筋加密区与非加密区的不同间距及肢数需用斜线"/"分隔；当梁箍筋为同一种间距及肢数时，则不用斜线；当梁箍筋加密区与非加密区肢数相同时，则将肢数注写一次。

如：$\phi 8@100/250$（4），表示箍筋为I级钢筋，直径$\phi 8$，加密区间距为100，非加密区间距为250，全为四肢箍。

④梁上部通长筋或架立筋配置，所注规格与根数与结构受力要求及箍筋肢数等构造要求有关。当同排纵筋中有通长筋又有架力筋时，用"＋"表示将通

长筋与架立筋相连。注写时须将角部纵筋写在加号前，架立筋写在加号后面的括号内，以示不同直径及与通长筋的区别。当全部采用架立筋时，则将其写入括号内。

⑤梁侧面纵向构造钢筋或受扭钢筋配置。当梁腹板板高度h_w≥450mm时，须配置纵向构造钢筋，此项注写值以大写字母G打头，注写设置在梁两个侧面的总配筋值，且对称配值。如G4ϕ14，表示梁的每侧各配置2ϕ14的纵向构造钢筋。当梁侧面需配置受扭纵向钢筋时，此项注写值以大写字母N打头，注写设置在梁两个侧面的总配筋值，且对称配值。

⑥梁顶面标高高差。梁顶面标高高差指梁顶面标高相对于结构层楼面标高的高差值，对于位于结构夹层的梁，则指相对于结构夹层楼面标高的高差。标高高差并不一定在图纸上有标注，有高差时将其写入括号内，无高差时不注写。

2）梁原位标注可读取的内容如下：

①梁支座上部纵筋：

a.当上部纵筋多于一排时，斜线"/"表示将各排自上而下分开。

b.当同排纵筋有两种直径时，加号"＋"表示将两种纵筋相连，注写时将角部纵筋写在前面。

c.当支座两边的上部纵筋相同时，一般仅在支座一边有标注；当梁支座两边的上部纵筋不同时，支座两边就应该分别有标注。

②梁下部纵筋与梁上部纵筋如果相似，可以相互参考。

a.当下部纵筋多于一排时，斜线"/"表示将各排自上而下分开。

b.当同排纵筋有两种直径时，加号"＋"表示将两种纵筋相连，一般图纸上将角部纵筋写在前面。

c.当梁下部纵筋不全部伸入支座时，将梁支座下部纵筋减少的数量写在括号内。

d.当已按规定注写了梁上部和下部均为通长的纵筋值时，则不需在梁下部重复做原位标注。

③附加箍筋和吊筋通常直接画在平面图中的主梁上，显示总配筋值。当多数附加箍筋与吊筋相同时，一般在梁平法施工图上统一注明，少数不同值在原位标注。如图4-12所示。

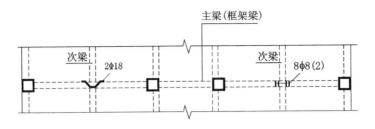

图4-12　附加箍筋和吊筋示意图

④当在梁上集中标注的内容不适用于某跨或某悬挑部分时，则将其不同数值原位标注在该跨或该悬挑部位，施工时应按原位标注数值取用。

（2）截面注写方式

截面注写方式就是在分标准层绘制的梁平面布置图上，分别在不同编号的梁中各选择一根梁用剖面号引出配筋图，并在其上注写截面尺寸和配筋具体数值的方式来表达梁平法施工图，如图4-13所示。其识读要点如下：

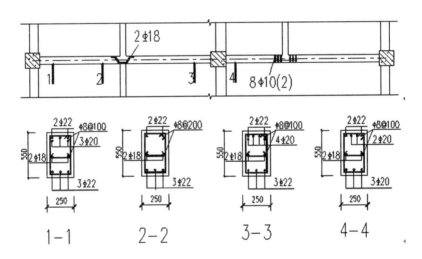

图4-13　梁平法施工图截面示例

1）一般图纸对所有梁都有编号，相同编号的梁只标注一根，即将"单边截面号"画在该梁上，再将截面配筋详图画在本图上。

2）在截面配筋详图上会标注有截面尺寸 $b \times h$、上部筋、下部筋、侧面构造筋或受扭筋以及箍筋的具体数值，其形式与平面注写方式是一样的。

3）截面注写方式既可以单独使用，有时候也会与平面注写方式结合使用。

（3）梁平法施工图平面注写方式见图4-14。

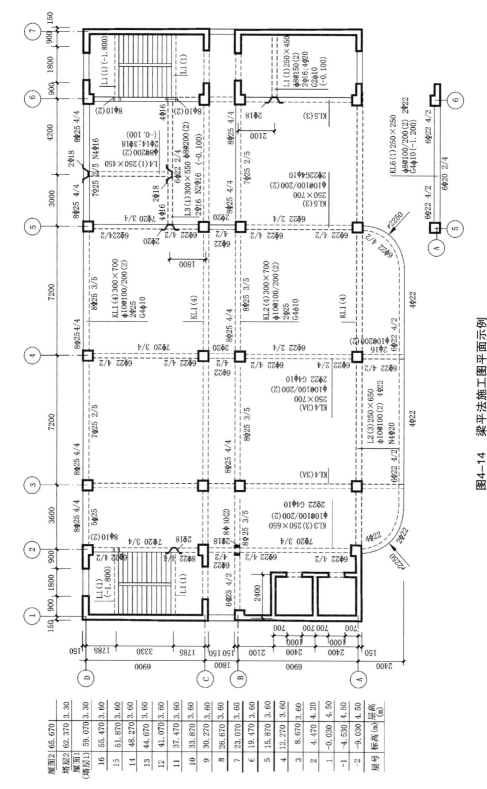

图4-14 梁平法施工图平面示例

104

第三节　建筑基础图快速识读

1.基础图的作用和基本内容

（1）基础图的作用

基础是建筑物的重要组成部分，它承受建筑物的全部荷载，并将其传给地基。地基不是建筑物的组成部分，只是承受建筑物荷载的土层。基础的构造形式一般包括条形基础、独立基础、桩基础、箱形基础、筏形基础等。图4-15为条形基础组成示意图。

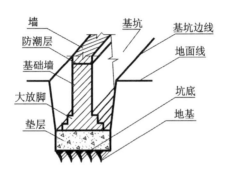

图4-15　基础组成

基础图是表示建筑物相对标高±0.000以下基础的平面布置、类型和详细构造的图样。它是施工放线、开挖基槽或基坑、砌筑基础的依据。一般包括基础平面图、基础详图和说明三部分。

（2）基础图的基本内容

假想用一个水平面沿房屋底层室内地面附近将整幢建筑物剖开后，移去上层的房屋和基础周围的泥土向下投影所得到的水平剖面图，称为"基础平面图"，简称"基础图"。基础图主要是表示建筑物在相对标高±0.000以下基础结构的图纸。

在基础平面图中应表示出墙体轮廓线、基础轮廓线、基础的宽度和基础剖面图的位置、标注定位轴线和定位轴线之间的距离。在基础剖面图中应包括全部不同基础的剖面图。图中应正向反映剖切位置处基础的类型、构造和钢筋混凝土基础的配筋情况，所用材料的强度、钢筋的种类、数量和布方式等，应详尽标注各部分尺寸。

2.基础平面图

（1）基础平面图的内容

一般来说，基础平面图包括以下内容：

1）图名和比例。

2）纵横向定位轴线及编号、轴线尺寸。

3）基础墙、柱的平面布置，基础底面形状、大小及其与轴线的关系。

4）基础梁的位置、代号。

5）基础的编号、基础断面图的剖切位置线及其编号。

6）施工说明，即所用材料的强度、防潮层做法、设计依据以及施工注意事项。

（2）基础平面图的表示方法（图4-16）

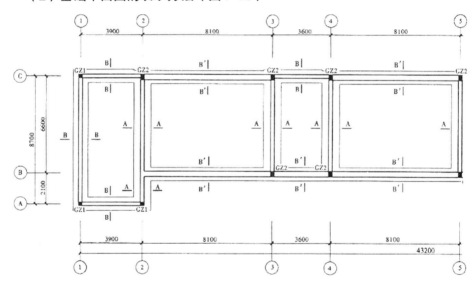

图4-16　基础平面图

1）定位轴线：基础平面图应注出与建筑平面图相一致的定位轴线编号和轴线尺寸。

2）图线：

①在基础平面图中，只画基础墙、柱及基础底面的轮廓线，基础的细部轮廓线（如大放脚）一般省略不画。

②凡被剖切到的墙、柱轮廓线，应画成中实线；基础底面的轮廓线应画成细实线。

③基础梁和地圈梁用粗点划线表示其中心线的位置。

④基础墙上的预留管洞，应用虚线表示其位置，具体做法及尺寸另用详图表示。

3）比例和图例。基础平面图中采用的比例及材料图例与建筑平面图相同。

4）尺寸标注：

①外部尺寸：基础平面图中的外部尺寸只标注两道，即定位轴线的间距和总尺寸。

②内部尺寸：基础平面图中的内部尺寸应标注墙的厚度、柱的断面尺寸和基础底面的宽度。

3.基础详图

（1）基础详图的形成

基础详图是用较大的比例画出的基础局部构造图，用以表达基础的细部尺寸、截面形式与大小、材料做法及基础埋置深度等。对于条形基础，基础详图就是基础的垂直断面图；对于独立基础，应画出基础的平面图、立面图和断面图。

（2）基础详图的内容

1）图名、比例。

2）轴线及其编号。

3）基础断面形状、大小、材料及配筋。

4）基础断面的详细尺寸和室内外地面标高及基础底面的标高。

5）防潮层的位置和做法。

6）垫层、基础墙、基础梁的形状、大小、材料和标号。

7）施工说明。

（3）基础详图的表示方法

1）图线：基础详图的轮廓线用中实线表示，钢筋符号用粗实线绘制。钢筋混凝土独立基础除画出基础的断面图外，有时还要画出基础的平面图，并在平面图中采用局部剖面表达底板配筋，如图4-17所示。

2）比例和图例：基础详图常用1∶10、1∶20、1∶50的比例绘制。基础断面除钢筋混凝土材料外，其他材料宜画出材料图例符号。

3）不同构造的基础应分别画出其详图，当基础构造相同仅部分尺寸不同时，也可用一个详图表示，但需标出不同部分的尺寸。基础断面图的边线一般

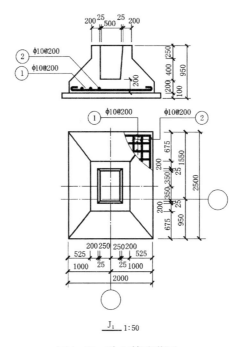

图4-17 独立基础详图

用粗实线画出，断面内应画出材料图例；若是钢筋混凝土基础，则只画出配筋情况，不画出材料图例。

图4-18为某建筑条形基础的详图。

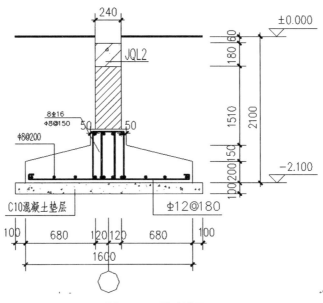

图4-18 基础详图

4.基础图的识读步骤

阅读基础图时,首先看基础平面图,再看基础详图。

（1）识图基础平面图

1）轴线网。对照建筑平面图查阅轴线网,二者必须一致。

2）基础墙的厚度、柱的截面尺寸。它们与轴线的位置关系。

3）基础底面尺寸。对于条形基础,基础底面尺寸就是指基础底面宽度;对于独立基础,基础底面尺寸就是指基础底面的长和宽。

4）管沟的宽度及分布位置。

5）墙体留洞位置。

6）断面剖切符号。阅读剖切符号明确基础详图的剖切位置及编号。

（2）识图基础详图

1）看图名、比例。从基础的图名或代号和轴线编号,对照基础平面图,依次查阅,确定基础所在位置。

2）看基础的断面形式、大小、材料以及配筋。

3）看基础断面图中基础梁的高、宽尺寸或标高以及配筋。

4）看基础断面图的各部分详细尺寸。注意大放脚的做法、垫层厚度,圈梁的位置和尺寸、配筋情况等。

5）看管线穿越洞口的详细做法。

6）看防潮层位置及做法。了解防潮层与正负零之间的距离及所用材料。

7）阅读标高尺寸。通过室内外地面标高及基础底面标高,可以计算出基础的高度和埋置深度。

5.基础图识读实例

图4-19为某建筑的基础平面图。

图4-19识图要点内容:

（1）该基础类型为梁板式筏形基础。

（2）该基础结构特点为低板位（梁底与板底一平）。

（3）基础筏板厚250mm,板筋为 $\phi14@150$ 双向配置。

（4）基础梁的截面见详图1-1、详图2-2、详图3-3、详图4-4、详图5-5。

（5）基础外围涂黑的为剪力墙,具体做法见详图Q1、详图Q2、详图Q3、详图Q4。

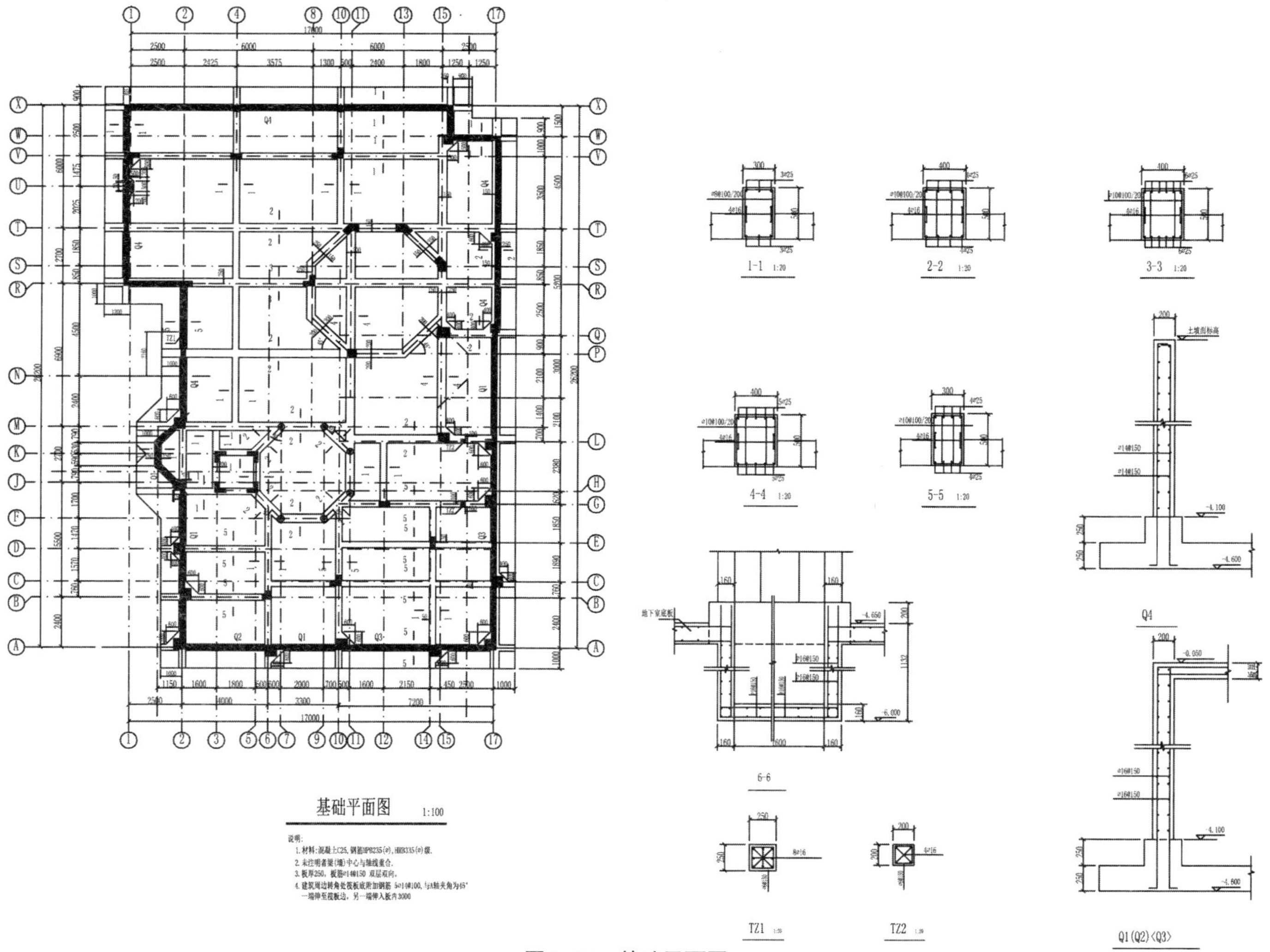
基础平面图 1:100
说明:
1. 材料:混凝土C25,钢筋HPB235(Φ),HRB335(Φ)级.
2. 未注明者梁(墙)中心与轴线重合.
3. 板厚250, 板筋Φ14@150 双层双向.
4. 建筑周边转角处筏板底附加钢筋 5Φ14@100, 与A轴夹角为45°
一端伸至筏板边, 另一端伸入板内3000
1-1 1:20
2-2 1:20
3-3 1:20
4-4 1:20
5-5 1:20
6-6
TZ1
TZ2
Q4
Q1(Q2)<Q3>
地下室底板
土壤削标高

图4-19 基础平面图

6. 基础图识读要点

1）基础图的识读顺序一般是根据结构类型，从下到上看。

2）在识读基础图时，要注意基础所用的材料细节。

3）在识读基础图时，要确认并核实基础埋置深度、基础底面标高，基础类型、轴线尺寸、基础配筋、圈梁的标高、基础预留空洞位置及标高等数据，并与其他结构施工图对应起来看。

4）识读基础图时，要核实基础的标高是否与建筑图相矛盾，平面尺寸是否和建筑图相符，构造柱、独立柱等的位置是否与平面图、结构图相一致。

5）确认基础埋置深度是否符合施工现场的实际情况等。

第四节　结构平面图快速识读

1. 结构平面图的形成与作用

（1）结构平面图的形成

结构平面图是指设想一个水平剖切面，使它沿着每层楼板结构面将建筑物切成上下两部分，移开上部分后往下看，所得到的水平投影图形。结构平面图反映所有梁所形成的梁网、相关的墙、柱和板等构件的相对位置，以及板的类型、梁的位置和代号，钢筋混凝土现浇板的配筋方式和钢筋编号、数量、标注定位轴线及开间、进深、洞口尺寸和其他主要尺寸等。

（2）结构平面图的作用

结构平面图为施工中安装梁、板、柱等各种构件提供依据，同时为现浇构件立模板、绑扎钢筋、浇筑混凝土提供依据。

（3）结构平面图的表示方法

1）定位轴线：结构布置图应注出与建筑平面图相一致的定位轴线编号和轴线尺寸。

2）图线：楼层、屋顶结构平面图中一般用中实线表示剖切到可见的构件轮廓线，图中虚线表示不可见构件的轮廓线（如被遮盖的墙体、柱子等），门窗洞口一般可不画。图中梁、板、柱等的表示方法为：

①预制板：可用细实线分块画板的铺设方向。如板的数量太多，可采用简

化画法，即用一条对角线（细实线）表示楼板的布置范围，并在对角线上或下标注预制楼板的数量及型号。当若干房间布置楼板相同时，可只画出一间的实际铺板，其余用代号表示。预制板的标注方法各地区均有不同，图4-20为标准的标注说明。

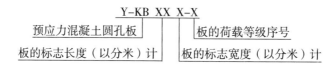

图4-20 预应力混凝土圆孔板标准标注

如Y-KB4212-5表示预应力圆孔板的标志长度4.2m（42dm），标志宽度1.2m（12dm），板的荷载等级（能承担的荷载）为5级。

②现浇板：当现浇板配筋简单时，直接在结构平面图中表明钢筋的弯曲及配置情况，注明编号、规格、直径、间距，如图4-21所示。当配筋复杂或不便表示时，可用对角线表示现浇板的范围，注写代号如×B1、×B2等，然后另画详图。配筋相同的板，只需将其中一块的配筋画出，其余用代号表示。

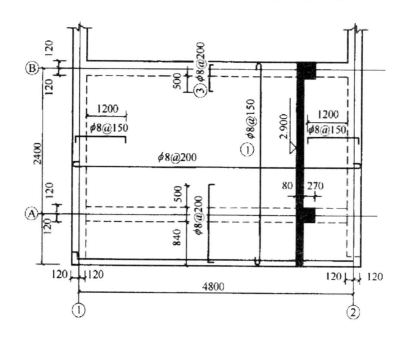

图4-21 现浇板结构图

③梁、屋架、支撑、过梁：一般用粗点画线表示其中心位置，并注写代号。如梁为L1、L2、L3、过梁为GL1、GL2等、屋架WJ1、WJ2等、ZC1、ZC2等。

④柱：被剖到的柱，均涂黑，并标注代号，如Z1、Z2、Z3等。

⑤圈梁：当圈梁（QL）在楼层结构平面图中没法表达清楚时，可单独画出其圈梁布置平面图。圈梁用粗实线表示，并在适当位置画出断面的剖切符号。圈梁平面图的比例可采用小比例如1∶200，图中要求注写出定位轴线的距离和尺寸。

3）比例和图名：楼层和屋顶结构平面图的比例同建筑平面图，一般采用1∶100或1∶200的比例绘制。

4）尺寸标注：结构平面布置图的尺寸，一般只注写开间、进深、总尺寸及个别地方容易弄错的尺寸。

2. 结构平面图的基本内容

建筑物结构平面图一般包括结构平面布置图、局部剖面详图、构件统计表、构件钢筋配筋标注和设计说明等。

（1）楼层结构平面图

在楼层结构平面图中，应主要表示以下内容：

1）图名和比例。比例一般采用1∶100，也可以用1∶200。

2）轴线及其编号和轴线间尺寸。

3）预制板的布置情况和板宽、板缝尺寸。

4）现浇板的配筋情况。

5）墙体、门窗洞口的位置，预留洞口的位置和尺寸。门窗洞口宽用虚线表示，在门窗洞口处，注明预制钢筋混凝土过梁的数量和代号，如1GL10.3，或现浇过梁的编号GL1、GL2等。

6）各节点详图的剖切位置。

7）圈梁的平面布置。一般用粗点划线画出圈梁的平面位置，并用QL1等这样的编号标注，圈梁断面尺寸和配筋情况通常配以断面详图表示。

（2）平屋顶结构平面图

与楼层结构平面图表示方法基本相同。不过有几个地方在识读时需要注意：

1）一般屋面板应有上人孔或设有出屋面的楼梯间和水箱间。

2）屋面上的檐口设计为挑檐时，应有挑檐板。

3）若屋面设有上人楼梯间时，原来的楼梯间位置应设计有屋面板，而不再是楼梯的梯段板。

4）有烟道、通风管道等出屋面的构造时，应有预留孔洞。

5）若采用结构找坡的平屋面，则平屋面上应有不同的标高，并且以分水线为最高处，天沟或檐沟内侧的轴线上为最低处。

（3）局部剖面详图

在结构平面图中，鉴于比例的关系，往往无法把所有结构内容全部表达清楚，尤其是局部较复杂或重点的部分更是如此。因此，必须采用较大比例的图形加以表述，这就是所谓的局部剖面详图。它主要用来表示砌体结构平面图中梁、板、墙、柱和圈梁等构件之间的关系及构造情况，例如板搁置于墙上或梁上的位置、尺寸，施工的方法等。

（4）构件统计表与设计说明

为了方便识图，在结构平面图中设置有构件表，在该表中列出所有构件的序号、构造尺寸、数量以及构件所采用的通用图集的编号、名称等。

在结构设计中，更难以用图形表达，或根本不能用图形表达者，往往采用文字说明的方式表达；在结构局部详图设计说明中对施工方法和材料等提出具体要求。

3. 结构平面图的识读步骤

这里以现浇板为例介绍结构平面图的识读步骤：

1）查看图名、比例。

2）校核轴线编号及间距尺寸，与建筑平面图的定位轴线必须一致。

3）阅读结构设计总说明或有关说明，确定现浇板的混凝土强度等级。

4）明确现浇板的厚度和标高。

5）明确板的配筋情况，并参阅说明，了解未标注分布筋的情况。

4. 结构平面图识读实例

图4-22、图4-23为某建筑结构平面图。

图4-22、图4-23识读要点内容：

1）该结构为梁平面整体配筋图。

2）以KL17（1）为例（图4-22中画圈处），其他数据与此识读相同。

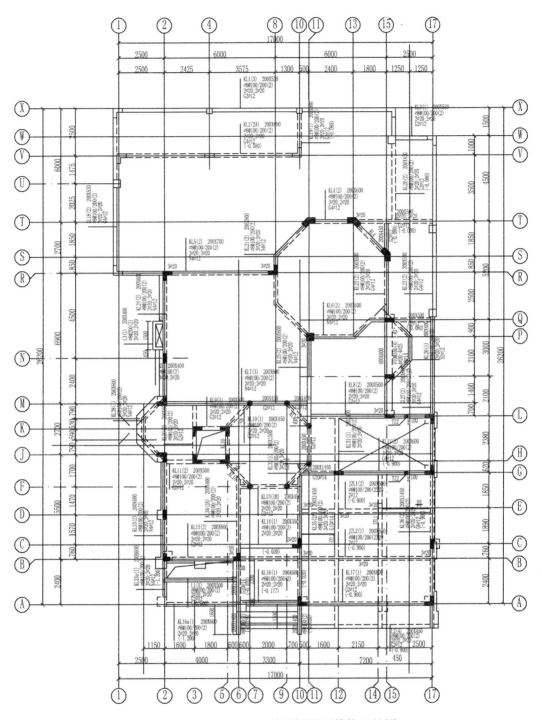

首层梁平面整体配筋图   1:100

说明:
1. 材料:混凝土C25,钢筋HPB235(∅),HRB335(∅)级.
2. 未注明者梁中心与轴线重合.

图4-22 结构平面图（一）

115

JC1尺寸及配筋图　1:100

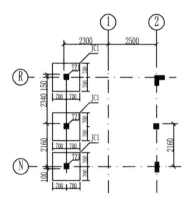

LT1基础平面及柱定位图　1:100

说明：基础埋深1000，持力层为强夯回填土，要求见总说明。

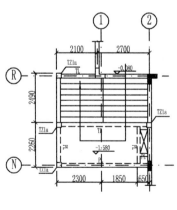

LT1结构平面图　1:100

说明：配筋见梯表

图4-23　结构平面图（二）

a. 集中标注KL17（1）:框架梁编号17，括号1代表1跨，截面尺寸为200mm×600mm。

b. φ8@100/200（2）：箍筋为HPB235，直径为8mm，加密区间距为100mm，非加密区为200mm，（2）为箍筋肢数。

c. 2φ20：分号前为上部通长钢筋的直径和根数，分号后为下部通长钢筋的直径和根数。

d. G2φ12：G为梁中部的钢筋，当梁腹板高度2450mm时应配制，表示梁中部构造钢筋一侧为一根共两根。

e. −0.900：为此梁顶标高和本层结构标高的差，−0.900表示低于本结构层900mm。

3）此标注方法为原位标注，即上部标注在支座左右两侧梁上部位置，下部钢筋标注在梁下部跨中位置。

5. 结构平面图识读要点

1）建筑平面图主要表示建筑各部分功能布置情况，位置尺寸关系等情况；而结构平面图主要表示组成建筑内部的各个构件的结构尺寸、配筋情况、连接方式等。

2）对照建筑图，核实柱网、轴线号。

3）弄清楚墙厚度、柱子尺寸与轴线的关系。

4）注意墙、柱变截面。

5）统计梁的编号，应标注齐全、准确，梁的截面尺寸、宽度，标明与轴线的关系，居中或偏心与柱齐一般不标注，只是做统一说明；

6）看得见的构件边线一般用细实线，看不见的则用虚线。剖到的结构构件断面一般涂黑。

7）楼板标高有变化处，一般有小剖面表示标高变化情况。

8）注意特殊的板的厚度尺寸。当大部分板厚度相同时，一般只标出特殊的板厚，其余的用文字说明。

9）掌握伸缩缝、沉降缝、防震缝浇带的位置、尺寸。在结构图中搞清楚与梁板整体连接的钢筋混凝土构件如飘窗、水沟、空调隔板、屋面女儿墙等。

10）在结构平面图中，一定要弄清楚所有预留洞、预埋件的标注数据。在后期施工过程中不同工种的施工预留、预埋配合，往往在附注中或总说明中会有说明。

第五节　构件结构详图快速识读

1. 结构详图的基本内容

钢筋混凝土构件结构详图主要是表明构件内部的形状、大小、材料、构造及连接关系等，它的图示特点是假定混凝土是透明体，构件内部的配筋则一目了然，因此，结构详图也叫配筋图。钢筋混凝土构件结构详图的主要内容有：

1）构件名称或代号、绘制比例。

2）构件定位轴线及其编号。

3）构件的形状、尺寸、配筋和预埋件。

4）钢筋的直径、尺寸和构件底面的结构标高。

5）施工说明等。

2. 结构详图的识读

这里以楼梯详图为例，介绍结构详图的识读方法。

楼梯结构详图通常由楼梯结构平面图和楼梯结构剖面图组成。

（1）楼梯结构平面图

楼梯结构平面图为水平剖面图，是表明各构件(如楼梯梁、梯段板、平台板)的平面布置、编号、尺寸大小、配筋及结构标高的图样。楼梯结构平面图应分层画出，当中间几层的结构布置和构件类型完全一致时，用一个标准层楼梯结构平面图表示。

1）楼梯结构平面图表示了楼梯板、梯梁的平面布置、代号、结构标高及其他构件的位置关系。一般包括底层平面图、标准层平面图和顶层平面图，常用1∶50的比例绘制。楼梯结构平面图和楼层结构平面图一样，都是水平剖面图，只是水平剖切位置不同。通常把剖切位置选择在每层楼层平台的楼梯梁顶面，以表示平台、梯段和楼梯梁的结构布置。

2）楼梯结构平面图中对各承重构件，如楼梯梁(TL)、楼梯板（TB）、平台板等进行了标注，梯段的长度标注采用"踏面宽×（步级数–1）=梯段长度"的方式。楼梯结构平面图的轴线编号应与建筑施工图一致，剖切符号一般只在底层楼梯结构平面图中表示，如图4–24所示。

3）楼梯结构平面图的图示方法：

①剖切到的墙体轮廓线用粗实线表示。

②楼梯的梁、板的可见轮廓线用中实线表示。

③不可见的用虚线表示。

④墙上的门窗洞不在楼梯结构布置图中绘制。

（2）楼梯结构剖面图

楼梯结构剖面图为垂直剖面图，是表明构件的竖向布置与构造、楼梯段、楼梯梁的配筋、钢筋尺寸等的图样，如图4-25所示。

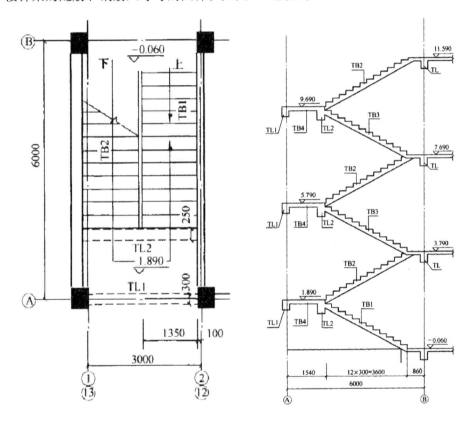

图4-24　楼梯结构平面图　　　　图4-25　楼梯结构剖面图

1）在楼梯结构剖面图中，会标注出梯段的外形尺寸、楼层高度和楼梯平台的结构标高。绘制楼梯结构剖面图时，由于选用的比例较小，不能详细地表示楼梯板和楼梯梁的配筋，需另外用较大的比例给出楼梯的配筋图。楼梯配筋图主要由楼梯板和楼梯梁的配筋断面图组成。此外，楼梯结构剖面图上还绘制出了最外面的两条定位轴线及其编号，并标注了两条定位轴线间的距离。

2）楼梯结构剖面图的图示方法。剖切到的梯段板、楼梯平台、楼梯梁的轮廓线用粗实线。由于楼梯平台板的配筋已在楼梯结构平面图中标注，所以在楼梯板配筋图中楼梯梁和平台板的配筋不再进行标注，图中只有与楼梯板相连的楼梯梁、一段楼梯平台的外形线（细实线）。

3）楼梯板配筋图。楼梯板详图主要用来反映楼梯板配筋的具体情况，如图4-25所示。由于楼梯板是倾斜的，板又薄，配筋较密集，因而楼梯板详图多采用较大比例，一般为1∶20或1∶30。楼梯板两端支撑在梯梁上，根据型式、跨度和高差的不同，不同的楼梯板均应单独绘制配筋详图。

3. 结构详图识图要点

1）核实清楚构件编号，构件一般在剖面上有完整的表达。

2）弄清楚配筋种类和型号。

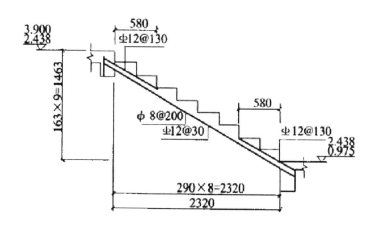

TB2 1∶25

图4-25 楼梯板配筋图

3）确认每一个详图细部尺寸。

4）弄清楚详图中标注的构造做法等。

5）确认不同楼梯的形式（折板、平板等板式及梁式），核实净高。这个需要注意，有时候由于建筑考虑因素不全，净高不能满足。

6）通过设计文字说明弄清楚混凝土等级及分布筋等。

第五章 施工图翻样

第一节 施工图翻样的种类

1. 施工图翻样概念

由于某些施工图纸比较复杂，再加上施工队伍对图纸的熟悉程度和接受能力有差距，特别是各个工序的专业工人，对于整套图纸的把握程度更是千差万别。现在施工图都大量采用标准图，如果将这种图纸交给专业工种施工或加工订货，都会给施工带来困难。因此，在实际工作中往往需要对施工图进行完善和细化，由专门的翻样人员进行施工图的翻样，然后将翻样图下发到具体专业工人手中，以指导施工。

2. 施工图翻样种类

1）按专业工种和施工内容来绘制的翻样图。根据不同专业工种的施工要求和内容绘制不同的翻样图，如模板翻样图、钢筋翻样图、墙体砌块排列翻样图、装修翻样图。

2）按加工订货需要绘制翻样图。施工过程中，常常需要到工厂加工订做各种构配件，如门窗、各种预制构件、预埋金属件等，都需要绘制翻样图，以方便加工制作。

3. 绘制施工翻样图的作用

1）施工图翻样的过程就是对图纸进行一次审核的过程，可以发现其中的错误，进行修正。

2）通过绘制翻样图，可以对图纸进行一次全面的认识，将图纸内容与施工要求有机地结合为一体。

3）施工翻样图可以使工人在短期内熟悉、掌握设计图纸，节省时间，减轻施工人员的负担。

4）绘制施工翻样图有利于促使施工管理规范化、标准化，同时也有利于施工队伍的正规化和规范化管理。

第二节　施工图翻样

1. 翻样前的准备工作

1）熟悉全部施工图纸。在施工前应将各专业图纸全部看完，并做到对整个工程心中有数。在看图过程中应着重了解建筑结构和装饰之间的关系，并认真核对各部位的标高、尺寸，以及构配件的形状、数量、型号和位置等情况。除此之外还要了解土建和设备之间的关系，例如各种管道穿墙预留洞的大小及标高在结构图或建筑图中是否标出，标高及尺寸是否符合，是否有矛盾或遗漏和交代不清之处，以及在施工中是否会产生困难等。

2）熟悉施工方案。施工翻样图的绘制要与整个工程的施工方案一致。因此在绘制施工翻样图前必须熟悉和了解工程的施工顺序和施工方法。分清各种构件、配件是预制还是现制，或者是工厂加工。按照不同的施工方法、加工地点和不同的要求分别绘出翻样图。

3）了解各种施工材料的供应情况，以便根据材料的规格和供应情况对原设计采用的材料规格进行核对和修改。

2. 施工图翻样施工

（1）模板翻样图

模板翻样图通常只画出结构构件的形状、各部位尺寸和关键部位的标高以及预留洞口、预埋铁件、插筋等情况。模板翻样图的绘制具有如下要求：

1）结构的模板翻样图一般将平面图、立面图和剖面详图画在一张图纸上，使它清楚地表明结构的形状、尺寸、标高、构造情况以及与定位轴线的位置关系。

2）在模板结构翻样平面图中，对于楼层下层柱子或梁的轮廓线应采用虚线表示；对本层楼面轮廓线则采用实线表示。

3）在翻样图中应对各结构构件的型号、断面尺寸和剖（截）面的剖视记号等清楚地标明。

4）翻样图应以图示为主，尽量减少文字说明。

5）除要表明结构的断面形状、尺寸、标高等情况外，还要标明结构之间的连接情况以及各结点的细部处理，必要时可辅以剖面详图加以说明。

6）当结构图中有几个区间的翻样图完全相同时，可以采取按区间编号的简易方法表明，而不需每个区间分别画翻样图。

（2）砌块排列翻样图

砌块排列翻样图主要用立面图和平面图形式表明墙体中砌块的排列组合情况，它是墙体砌筑和结构安装及计算砌块用量的主要依据。

1）墙体砌块排列翻样图在绘制时，应保证墙体的整体性。对墙体本身、纵墙与横墙的交接或墙的转角处的砌块应相互交错搭接，上下二皮砌块竖缝应错开。

2）当砌块墙与非砌块墙（如混凝土柱）连接时，由于两者材料不同，不能交错搭接，为此应在砌块墙的水平灰缝中沿一定高度埋设钢筋或钢筋网片。

3）对于有进墙梁的砌块墙，进墙梁应搁置于砌块长度中间，避免设置在砌块竖缝处。

（3）钢筋翻样图

钢筋翻样图是指导钢筋工进行材料用量计算、钢筋下料加工和安装的主要技术资料，它由钢筋配料单和钢筋翻样简图两部分组成。

1）钢筋配料单的形式和内容。

钢筋配料单是表明结构构件内配筋情况的一份明细表，它的主要内容有构件名称和数量、钢筋编号和形状尺寸的简图、钢筋的规格和数量以及下料长度、钢筋重量等，如表5-1所示。

表5-1　钢筋配料单

构件名称及数量	钢筋编号	钢筋简图（cm）	直径（mm）	每根下料长度（cm）	每件根数	总根数	备注
XL3（12根）	①	2840	φ14	2840	2	24	
	②	2840	φ20	2840	3	36	
	③	276 / 186	φ6	1005	19	228	

2）钢筋翻样简图的绘制。

钢筋的实际配置和尺寸等均以简图（即单线示意图）表明，它的绘制要注意以下几个问题：

①绘制钢筋简图时，钢筋的图线应采用粗实线绘制。

②钢筋简图的形状应和设计图中配筋的形状、方向保持图形一致，其图形的大小和比例无严格的要求，钢筋配制时均以图上所注尺寸为准，而图形仅起示意作用。

③钢筋的尺寸标注是钢筋的断配的主要依据。它们均为外包尺寸，即已扣去了混凝土保护层厚度。

3）钢筋翻样工作的步骤与注意事项。

①为了便于工作和避免不必要的差错和遗漏，配料单的编制应按工程的施工顺序和先后次序逐一进行；对于同一构件的配筋，可按受力筋、构造筋等不同类型分别进行编制。

②对每一根钢筋翻样时，应先绘出其钢筋形状简图并标注尺寸，然后按断配单中的项目要求填写钢筋规格、根数、计算下料长度等。

③翻样时凡图纸中未明确规定的，一般按国家现行规范的构造规定处理。

④翻样时要考虑钢筋的形状尺寸在符合设计要求的前提下，更有利于加工、安装，并且要节约材料。

⑤翻样时，对于形状比较复杂、不利于计算长度的，可用按比例放大样或放小样的方法。

⑥翻样时除了按图纸要求下料外，还要考虑施工过程中需要增设的有关附加钢筋，如防止现浇柱钢筋骨架在绑扎后扭转的四面斜撑拉，后张预应力构件中的固定预留孔道管子用的钢筋井字架等。

第六章　钢筋混凝土结构施工图实例解读

第一节　钢筋混凝土结构施工图的组成及识读

1. 钢筋混凝土结构施工图主要内容

1）结构设计总说明。

2）基础平面布置图。

3）柱平面定位图。

4）基础及柱结构详图。

5）梁的结构图。

6）板结构图。

7）楼梯结构详图。

2. 结构设计总说明

该张图纸以文字内容为主，主要总体说明该建筑物结构设计的一些情况，包括如下内容：

1）设计依据：主要包括设计规范、抗震等级及其设防烈度、工程地质情况、环境气候情况、结构安全等级等内容。

2）设计荷载：这部分主要介绍楼面、屋面所受荷载的基本情况。

3）选用图集情况。

4）材料要求：主要介绍混凝土的强度等级及其使用部位，砌体材料的规格及使用情况，钢筋的技术指标等。

5）施工要求：

a.主要说明施工过程中地基的处理方式。

b.楼板布筋及其预留洞等情况。

c.砌体结构中构造柱及拉筋的设置等。

d.避雷、消防等施工过程中的细节要求。

e.钢筋混凝土的保护层厚度以及钢筋的锚固、搭接长度等技术指标。

3. 基础平面布置图

钢筋混凝土结构（框架）的基础大部分采用独立基础或满堂基础，其中柱下基础大多采用独立基础，而墙下基础大多采用条型基础。此部分是由基础平面图、文字说明两部分组成。平面部分主要说明建筑基础与定位轴线的位置关系及基础部分的几何尺寸、基础编号等情况，文字部分主要是对图纸内容的一种补充说明。

4. 柱平面定位图

此部分图纸要与基础平面布置图结合起来阅读，主要标明了各柱与定位轴线之间的位置关系，柱子的断面尺寸以及柱子的编号等。与基础平面图结合起来阅读可以看出各种柱子在各独立基础上的位置关系，柱子位置确定以后，整个建筑的平面位置基本就确定了。

5. 基础及柱结构详图

此部分图纸是对前面两部分图纸的细化处理，它是基础、柱具体施工过程中的重要参考依据。在这一部分中，主要了解基础与柱的外部尺寸、剖面详图、具体配筋要求等情况。熟读基础和柱的平面图以及结构详图，才能做好施工过程中的基础放线、基坑开挖、垫层施工、基础钢筋的下料及绑扎、基础模板支撑、基础混凝土浇筑等工作。

柱的结构详图一般按照平法施工中的列表注写方式施工。

6. 梁的结构图

在钢筋混凝土结构（框架）中，结构的主要承重构件是柱与梁。梁的结构图一般也是采用平法施工图制图规则绘制。

7. 板的结构图与楼梯结构详图

板的结构图、楼梯结构详图主要表示板与楼梯的配筋和做法，用于指导具体的构件施工，需结合平面图、剖面详图与文字说明三部分进行识读。在识读过程中，应先看文字说明，再识读结构平面图。

通过以上这些步骤的识读，基本上就能够大致了解整个钢筋混凝上结构的图纸内容，对所要进行施工的建筑也有了一个初步的轮廓，同时对于一些重要的构造数据也进行了核实与确认，这样，才能初步掌握施工图纸所承载的信息数据，为后面的现场施工打下坚实的基础。

第二节　某框架结构施工图实例解读

图6-1~图6-21为某框架结构施工图，包括建筑施工图与结构施工图。以此套图纸为例，下面详细说明全套施工图的识读思路与具体要点。

图6-1本页图识读要点内容：

1）本页是建筑图统一说明，是对后面建筑图详细的做法进行解释。

2）以外地台四周散水做法为例：$\underline{98ZJ901}$ ④ 表示查阅图集98ZJ901，该图集第4页第4个详图为其具体做法。

图6-2平面图识读步骤：

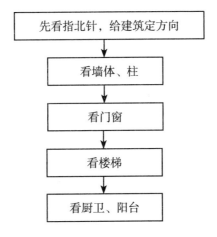

图6-2识读要点内容：

1）图中 a 处指北针表明房屋方位。

2）图中 b 处C2表示窗编号为2。

3）图中 c 处M4表示门编号为4。

4）本图标明了该建筑门窗水平方向的位置、尺寸。

5）图中 d 处为柱，具体做法见结施02（图6-10）。

6）图中 e 处　┌─ 指在剖切面向A方向视图
　　　　　　A├
　　　　　　 └── 指剖切面的位置

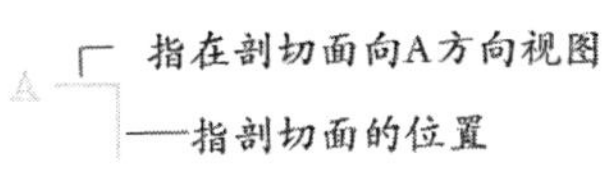

7）图中 f 处为建筑墙体。

8）图中 g 处表示门开启方向。

9）图中 h 处卫生间详细做法见建施07（图6-7，其他层依此识读）。

10）本图标示出了不同房间的布置、开间、进深。

11）图中 i 处为室外两步台阶，具体尺寸见建施07（图6-7）中A-A剖面和相关立面图。

12）图中 j 处标示出了首层楼梯的布置形式。

图6-3识读要点内容：

1）本页图标示出了本层门、窗、楼梯的水平位置及水平尺寸。

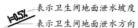

2）图中 a 处。——圆圈表示卫生间地漏位置

3）图中 b 处表示阳台泄水坡度。

4）图中 c 处，⑦ 表示阳台栏板做法，7表示在建施07（图6-7）图纸上，3表示第三个详图。

5）图中 d 处大黑框表示柱见结施02（图6-10）。

6）图中 e 处小黑框表示构造柱位置，构造柱具体表示见结施01（图6-9）第五条第一点一般要求中①的内容。

7）图中 f 处楼梯建筑做法见建施07（图6-7）中A-A剖面。

图6-4屋面平面图识读步骤：

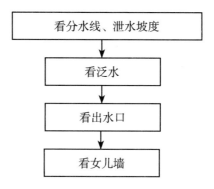

本页图识读要点内容：

1）图中 a 处为屋面泄水坡度符号的位置，泛冷水做法按该处图集编号查找相关图集内容。

2）图中 b 处为隔热层做法。

3）图中 c 为女儿墙做法，具体见建施07（图6-7）中的详图1。

4）图中 d 为出水口位置，做法根据详图图号查找相关标准图集。

图6-5立面图识读步骤：

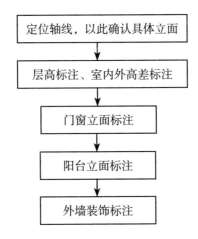

图6-5识读要点内容：

1）识读立面图要和各层平面图对应起来看。

2）一般来说，门窗的水平位置见各平面图，竖直尺寸见立面图。

3）图中 a 处标示出了首层建筑标高。

4）图中 b 处给出了室内外高差。

5）图中 c 处为雨篷做法，具体见建施07（图6-7）第4个详图。

6）图中 d 处为女儿墙做法，具体见建施07（图6-7）第1个详图。

7）图中 e 处表示外墙面贴浅骨色亚光瓷砖做法。

8）图中 f 处表示阳台外墙面线条处贴浅灰色亚光瓷砖做法。

9）图中 g 处表示百叶窗为灰色铝塑百叶。

10）图中 h 处表示阳台栏杆做法，具体见建施07（图6-7）第3个详图。

11）图中 i 处为室外台阶做法，参照首层平面图和A-A剖面图。

12）图中 j 处标示的是各层层高。

图6-6识读要点内容：

1）图中 a 处标示出了各层层高。

2）图中 b 处标示出了窗的立面位置和竖向尺寸，其平面尺寸要对照平面图识读。

3）图中 c 处标示出了阳台的立面造型及尺寸。

4）图中 d 处标示出了屋顶造型及尺寸。

5）图中 e 处为外墙装饰的做法。

6）图中 f 处为屋顶线条和窗套的装饰做法。

7）图中 g 处为勒脚的做法。

8）图中 h 处表示5层阳台栏杆具体做法见建施07（图6-7）中第2个详图。

图6-7剖面图识读步骤：

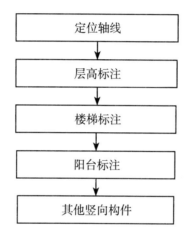

图6-7识读要点内容：

1）A-A剖面图识读要点内容：

①图中a1处为层高标注；

②图中b1处为建筑室外标高标注；

③图中c1处为休息平台标高标注；

④图中d1处为楼层平台标高标注；

⑤剖面图要结合各平面图识读，被剖开的位置会被涂黑。例如图中e1处表示该1#楼梯第一跑没被切开，一共8个踏步，每踏步高150mm；

⑥与图中e1相对应识读，f1处表示踏步、踏面宽度为1960/7=280mm；

⑦图中g1处表示室外台阶的尺寸，需要结合相应的平面图和立面图进行识读；

⑧图中h1表示1#楼梯选用的图集号。

2）详图①识读要点内容：

①图中a2表示女儿墙压顶；

②图中b2为泛水做法，具体可根据图中标示的图集号查找对应标准图集；

③图中c2处给出了线条的具体做法。

3）详图④识读要点内容：

①图中a3给出了雨篷的具体长度；

②图中b3处给出了雨篷的具体厚度；

③图中c3处给出了雨篷的具体做法图集号，据此可以查找对应标注图集。

4）卫生间3详图识读要点内容：

①图中a4给出了浴缸的长、宽尺寸；

②图中b4处标示出了浴巾夹的位置；

③图中c4处标示出了香皂盒的位置；

④图中d4处标示出了淋浴喷头的位置；

⑤图中e4处标示出了浴帘杆的位置（虚线处）；

⑥图中f4处标示出了大便器安装中心线的位置；

⑦图中g4处标示出了给水管的位置；

⑧图中h4处标示出了地漏的位置；

⑨图中i4处标示出了卫生纸架的位置；

⑩图中j4处标示出了排污器的位置；

⑪图中k4处标示出了成品面层中心线为650mm，高为0.8m；

⑫图中l4处标示出了梳妆镜高为1.0m；

⑬图中m4处标示出了毛巾架高为1.2m。

图6-8门窗大样图识读步骤：

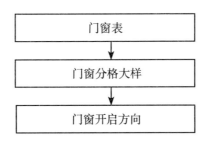

图6-8识读要点内容：

1）图中a处为门窗构造详图图集号，具体做法可以据此查找对应标准图集。

2）图中b处图例表示为推拉窗。

3）图中c处图例表示为固定窗。

4）图中d处标示以右侧为轴外开门。

5）图中e处标示出了门窗的高度。

6）图中f处标示出了门窗的水平尺寸。

图6-9识读要点内容：

1）本页是结构图统一说明，是对后面结构图的详细做法进行解释。

2）文字前面"√"表示是本套图的具体施工做法。

图6-10墙柱轴线定位图识读步骤：

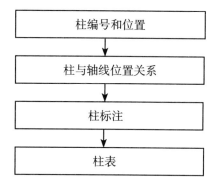

桩基础平面图识读步骤：

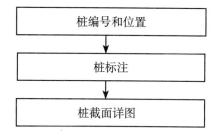

图6-10识读要点内容：

1）以图中a处为例，图中Z2表示柱的编号；300×500（1-3）表示1~3层柱截面尺寸；300×450（4-5）表示4~5层柱截面尺寸。

2）图中 b 处给出了桩基础外径尺寸。

3）图中 c 处给出了桩钢筋保护层厚度。

4）图中 d 处标示出了竖向受力钢筋共13根，直径为16mm。

5）图中 e 处标示出了螺旋箍筋直径为8mm，间距为250mm；加筋箍直径为12mm，间距为200mm。

6）图中 f 处标示出桩长为20m，且应保证桩进入花岗岩大于0.5m。

7）图中 g 处给出了桩台混凝土的强度等级。

8）图中 h 处标示出了桩台为双向箍筋，直径为12mm，间距为150mm。

图6-11识读要点内容：

1）以图中 a 处为例识读柱子的相关数据信息：

①柱子编号为Z1；

②1层层高为3600mm，即该层柱子高度；

③本层混凝土强度等级为C25；

④截面类型为h(B)型；

⑤截面尺寸为300mm×500mm；

⑥共2个①号竖向筋，具体尺寸布置为2×2ϕ20；

⑦共2个③号竖向筋，具体尺寸布置为2×1ϕ20；

⑧箍筋在竖向不同阶段处的布置具体要求。

2）图中 b 处为柱纵向剖面下部的详细标注数据。

3）图中 c 处的截面型式与右边柱截面详图相对应。

4）图中 d 处给出了不同柱的截面尺寸。

5）图中 e 处为竖向钢筋编号，具体的可以对照本页图右边柱截面型式识读。

6）图中 f 处标示出了箍筋布置位要分竖向阶段，具体分段见柱纵剖面图。

7）图中 g 处标示出了柱子顶端的锚固长度。

8）图中 h 处的详细信息可以对照本页说明第5条。

9）图中 i 处标示出了具体柱截面的型式。

10）图中 j 处标示出了柱钢筋插入基础内的箍筋数量。

图6-12楼板钢筋图识读步骤：

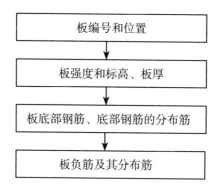

图6-12识读要点内容：

1）以图中a处为例：

①2B5：二层为B型、编号5的楼板；

② 表示底筋形式，直径为φ10，间距为150mm；

③ 表示板负筋，直径为φ10，间距150mm；

④未标注的板厚为120mm。

2）以图中b处为例：

①雨篷详图见本图第1个详图；

②φ10@150表示横向钢筋直径和间距；

③φ8@200表示纵向钢筋直径和间距；

④2.580表示雨篷下表面标高；

⑤80表示雨篷板厚80mm；

⑥1000表示雨篷挑出净长。

3）以图中c处为例：

①构造筋竖向钢筋的布置为4φ12；

②箍筋直径为φ6，间距200mm；

③构造柱尺寸为180mm×180mm。

注：为了更为贴近目前阶段的施工现场实际，特选取了并非纯粹意义上的平法标注，作为实际案例。

图6-13识读要点内容方法与结施06（图6-14）方法相同。

图6-14识读要点内容：

1）本页是梁体构造做法统一说明，是对整个梁结构构造做法的详细标示。

2）凡是图纸中未给出具体做法的梁构造，都可以依据本页图纸上的具体做法进行施工。

图6-15楼板钢筋图识读步骤:

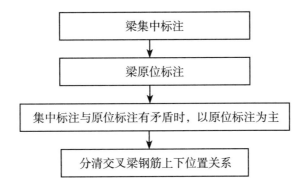

图6-15识读要点内容:

1)以图中a处2层X向KL8为例,具体识读内容如下图所示:

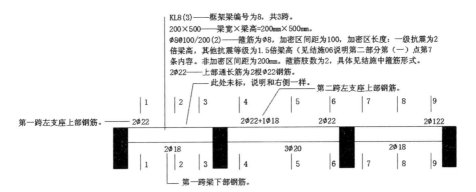

2)把上面转化为截面标注法,则变为下图:

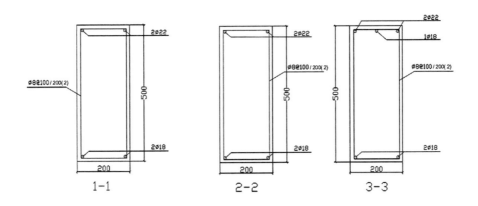

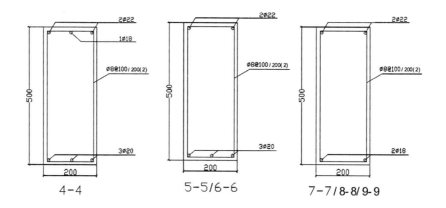

4-4   5-5/6-6   7-7/8-8/9-9

图6-16识读要点内容方法与结施07（图6-15）方法相同。

图6-17识读要点内容方法与结施07（图6-15）方法相同。

图6-18识读要点内容方法与结施07（图6-15）方法相同。

图6-19识读要点内容方法与结施07（图6-15）方法相同。

图6-20楼梯详图识读步骤：

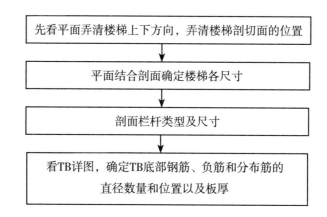

图6-20识读要点内容：

1）楼梯平面图识读要点：

①图中a1标示出了一层平台宽度；

②图中b1处TB-1共有8个踏步，每个踏步宽280mm；

③图中c1处标示出了休息平台宽度；

④图中d1处标示出了第1跑梯段的宽度；

⑤图中e1处TB-2共有9个踏步，每个踏步宽280mm；

⑥图中f1处标示出了二层平台宽度；

⑦图中g1处给出了TZ尺寸及做法，尺寸为180mm×180mm、4个角筋直径为$\phi14$，箍筋直径为$\phi6$，间距为200mm；

⑧图中h1处为踢梁TL-2节点，具体做法见本图右下角详图TL-2所示。

2）楼梯剖面图识读要点：

①图中a2标示出了一层平台宽度；

②图中b2处TB-1共有8个踏步，每个踏步宽280mm；

③图中c2处标示出了休息平台宽度；

④图中d2处TB-1共8个踏步，每个高150mm；

⑤图中e2处TB-2共有9个踏步，每个踏步高150mm；

⑥图中f2处TB-3共9个踏步，每个高150mm；

⑦图中g2处TB-4共9个踏步，每个高150mm；

⑧图中h2处TB-5共9个踏步，每个高150mm；

⑨图中i2处为顶层平台宽，与一层相同；

⑩图中j2处TB-5共9个台阶，每个宽280mm；

⑪图中k2处标示出了A轴处楼梯平台宽度；

⑫图中l2处TL-1做法详见本页详图内容。

注：TB钢筋配筋见右侧楼梯钢筋表

图6-21识读要点内容方法与结施012（图6-20）方法相同。

项目	各部分构造做法	使用部位	项目	各部分构造做法	使用部位
一般说明	(1)本工程设计图纸所注总平面尺寸及标高均以米为单位,其余均以毫米为单位 (2)本工程±0.000相当于原有略面标高的+0.35m (3)各层平面,剖面及大样图所注楼,地面标高有苦号者为结构面标高,无号者为建筑完成面标高 (4)凡给排水、电气、空调,动力等设备管道如穿过钢筋混凝土墙,预制构件墙身者均需预留孔洞或预埋,不宜临时凿,并督切配合各种图纸施工,遇有问题请会,同设计人员共同商量解决,不得任意变更 (5)凡装修工程材料选用及做法均须符合设计要求,要做样板,并样给设计单位及建设单位校对,同意后方可使用。未经设计单位及建设单位同意不得任意更改。本工程内有装饰材料均为一级正品 (6)凡图纸上以注明者外,凡本说明有"√"号者为本设计所采用的做法 (7)凡图纸、本说明未详及处,均严格按国家现行规范、规定执行 (8)本说明版本所设计工程使用工程使用只作本工程使用不得翻印,不准复印		内地台	地骨 (1)原素土夯实,捣C10号素混凝土100厚 (2)回填土分层淋水夯实,每层夯实后厚度不大于200,面捣C15 级素混凝土150厚 按6m×6m设分格缝 (3)回填土分层淋水夯实,每层夯实后厚度不大于200,再回填碎石粉300厚,面现浇C15 级砼厚120厚	所有地骨
墙基防潮	(1)20厚1:2 水泥砂浆掺5%防水剂位置一般在-0.05标高处(室内地面标高为±0.000)	所有墙地基（地梁除外）	粉刷	外墙 (1)1:3 水泥砂浆打底20厚,1:3 水泥砂浆批面5厚抹光,扫白色灰水 (2)1:3 水泥砂浆打底15厚,1:2.5 水泥石米浆批面10厚做白色水刷石（白石子80% 红石子20%），墙面分格缝宽15,深10,位置见立面图,纯水泥浆抹缝 (3)1:3 水泥砂浆打底15厚,纯水泥浆贴彩釉亚光砖（彩釉砖的色泽详见立面图） (4)1:3 水泥砂浆打底15厚,纯水泥浆贴瓷质外墙砖 (5)1:3 水泥砂浆打底15厚批1:1.5 水泥厂白石子10厚,刷斧石	外墙,详见立面图大样图内（含女儿墙内侧）
屋面	结构层 (1)现浇钢筋混凝土板掺5%防水剂 (2)预制钢筋混凝土板 板缝先用1:2 水泥砂浆灌缝,边缝60厚,墙缝40厚,然后用200号细石混凝土捣密实 防水层 现浇钢筋混凝土板面纵横各扫纯水泥浆一度 (1)找平层面批1:2 水泥砂浆20厚,渗5%防水剂 (2)隔离剂采用冷底子油纵横各二度 (3)刚性防水层采用C20 细石混凝土厚40 内配∅4@100 双向钢筋网细石混凝土打随压实找平磨光,水泥砂浆保护层3m×3m分缝,缝宽20,浇沥青油膏 (4)面批1:2 水泥砂浆20厚,面冷底子油一度,然后铺两毡三油 隔热层 (1)钢筋混凝土板倒制板,侧向架空200 预制砼板规格为400×600×40 内放钢筋网∅4@200,缝6m×6m分缝(见图一) (2)不上人屋面25厚 水泥砂浆砌侧向架空180 高,面铺大阶砖预制混凝土板制砌1:2.5 水泥砂浆灌缝,纯水泥浆抹缝 (3)上人屋面25 厚水泥石灰砂浆砌架空130 高,在大阶砖正中间加砌一行侧砖)钢筋混凝土板制1:2 水泥砂浆灌缝,纯水泥浆抹缝 (4)1:2 水泥砂浆膨胀珍珠岩承重隔热单操(双操)板1:2 水泥砂浆缝(见图二)	115　115 370　40 180 防水层 隔离剂 找平层 结构层 图一 承重层 膨胀珍珠岩隔热层 四周保护层 气隙 165 30 75 60 300 图二		内墙 (1)1:6 水泥石灰砂浆打底15厚,面抹掺水防白灰浆2厚再刮及飞粉墙滑光 (2)1:6 水泥石灰砂浆打底15厚,喷白色乳胶水 (3)1:6 水泥石灰砂浆打底15厚,纸筋灰批面3厚,扫米黄色乳胶漆 (4)1:6 水泥石灰砂浆打底15厚,批净水求表面平整,无飞刺,刷砂浆凸包、麻凹、裂缝,否则须刮腻子找平,干透后用107 放(聚乙稀酸醋甲醛)粘贴奶白底花纹胶料墙纸	所有内墙（除卫生间外）
				墙裙 (1)1:6 水泥石灰砂浆打底20厚,1:2.5 水泥砂浆批面4厚抹光,1200 高 (2)1:6 水泥石灰砂浆打底15厚,1:1.5 水泥石子浆批面10厚,做色水磨石,1200 高,过磨石墙 (3)1:2 水泥砂浆打底15厚,纯水泥浆贴白底花纹①墙面瓷片到顶;②马赛克;③水磨石块;④大理石	卫生间 厨房 阳台
楼地面	结构层 (1)现浇钢筋混凝土板,掺5%防水剂 (2)预制钢筋混凝土板 板缝先用1:2 水泥砂浆灌缝,边缝60厚,墙缝40厚,然后用200号细石混凝土捣密实 覆盖层 (1)20厚1:2 水泥砂浆粉刷抹平 (2)20厚1:2.5 水泥砂浆找平,1厚1:1.5水泥磨石子浆粉面,磨光打蜡,每隔1200×1200嵌入3厚玻璃条分格 (3)20厚1:2.5 水泥砂浆找平,面贴防滑砖 (4)20 厚1:2.5 水泥砂浆找平 5厚纯水泥浆贴白色马赛克,白水泥填缝 (5)20厚1:2.5 水泥砂浆找平,5厚1:1 水泥砂浆贴 300×300 防滑砖,纯水泥浆填缝 (6)20 厚1:2.5 水泥砂浆找平,5厚1:2 水泥砂浆坐砌 600×600 抛光砖,纯水泥浆填缝 (7)20 厚1:2.5 水泥砂浆找平(预制板厚25 厚),上铺冷底子油一层,5厚沥青鸡脚胶贴8厚硬木企口,拼花板磨光	卫生间 厨房 阳台 露台 客厅 卧室 饭厅 起居室		踢脚线 (1)1:6 水泥石灰砂浆打底5厚,1:1.5 水泥石子浆批面10厚做白色水磨石100高 过磨石拥 (2)1:2 水泥砂浆打底15厚,纯水泥浆贴①釉面砖100高;②马赛克;③ 大理石;④ 水磨石块100高	各层室内
				勒脚线 (1)1:2 水泥砂浆20厚压光400 高 (2)1:6 水泥石灰砂浆打底15厚,1:1.5 水泥石子浆批面10厚（白石子80%,红石子20% 做白色水刷石 400高 (3)1:6 水泥石灰砂浆打底5厚,纯水泥浆贴枫叶红玻璃马赛克,400高	
				护角 凡石灰砂浆粉刷工程,在阳角处均加做1:2.5 水泥砂浆护角,高2000,宽每边80	
			天花	(1)钢筋混凝土板,梁天花1:1.6 水泥石灰砂浆打底12厚,面刮双飞粉 (2)1:6 水泥石灰砂浆打底10厚,纸筋石灰批面3厚扫白色①乳胶漆;②107涂料;③喷塑;④粘贴墙纸 (3)板底抹平白白 (4)钢筋混凝土板底板批纸筋灰扫2厚,扫白色乳胶漆 (5)轻钢龙骨吊玻璃棉板,石棉板,钙塑板 (6)铝合金龙骨玻璃棉板,石膏板,钙塑板 (7)木龙骨(暗),钉塑料扣板天花,拼缝不大于3毫米 (8)飘板底做法同天花	全部天花

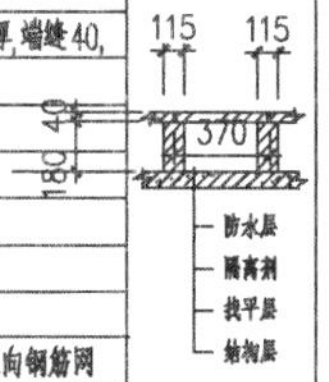

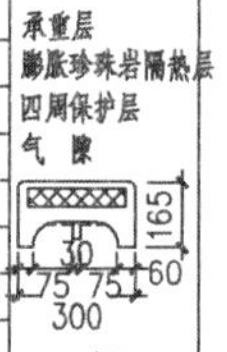

138

图6-1

项目	各部分构成做法	使用部位	项目	各部分构造做法	使用部位

楼梯

楼面粉刷：
⑴ 抹1:2 水泥砂浆20厚
⑵ 1:3水泥砂浆作找平层20厚，1:1.5 水泥石子浆抹面10厚，做本色水磨石，边磨边打腊
⑶ 3水泥砂浆15厚，加3厚纯水泥浆贴浅蓝防滑彩釉砖，纯水泥浆扫缝
⑷ 1:2 水泥砂浆20厚，纯水泥浆贴大理石（花岗石），纯水泥浆扫缝

防滑条
⑴ 1.5 水泥金刚砂做宽度30，凸出踏步面5厚
⑵ 1:2 水泥砂浆15厚，固фен5厚不锈钢压凹线防滑条
⑶ 1:2 水泥砂浆10厚，贴白色陶瓷片防滑条
⑷ 8 厚钢板（踏步面做法另定）

楼板底粉刷
⑴ 抹平扫白灰水
⑵ 纸筋石灰浆一次抹平8厚，扫白色灰水
⑶ 1:1:6 水泥石灰砂浆打底10厚，2厚掺水泥白灰浆抹面，再刮双飞粉光滑墙
⑷ 楼梯栏杆及扶手由二次装修确定（除建施图有标注外）
⑸ 楼梯选用 98ZJ401 ⑲ ⑮

外地台

⑴ 四周砖砌明渠采用 98ZJ901 ⑤；沙井采用
排水按设计处理或按实际处理
⑵ 门口斜坡采用 98ZJ901 ⑱
⑶ 四周散水采用 98ZJ901 ⑦
⑷ 室外踏步采用 98ZJ901 ⑰

油漆

⑴ 木门窗：棕色调和漆一底二度
⑵ 菠萝门，扶手棕色油漆（吐加）打底，硝基外漆（吹漆）面
⑶ 铜门窗防锈漆一度，银白色调和漆二度
⑷ 全金属面露明部位防锈漆一度，铅油二度或银粉漆二度，不露明部分刷防锈漆二度
⑸ 木材防腐凡伸入墙内与墙体接触面木料，满涂水柏油二度防腐
⑹ 凡外露铁件均先涂红丹一度，再涂其他油漆
⑺ 凡入墙木构件均先涂水柏油防腐

门窗

⑴ 铝合金窗选用银白铝合金，90 系列型材，6厚绿色浮法玻璃构造做法及选料应满足国标，98SJ72要求
⑵ 铝合金门选用银白铝合金 100 系列型材 8厚白色浮法玻璃构造做法及选料应满足国标，98SJ64要求
⑶ 玻璃幕墙用料另详装修设计
⑷ 安装门窗时，在阳台，走道处的推拉窗接墙外边线安装，风撑应考虑使窗扇能紧贴墙内开启，其它窗全部接墙中线安装，门平开后方向墙面安装，并能使门窗紧贴墙边开启
⑸ 凡安装木门窗时，均要用-25x3x240 扁铁磨耳码钉在门框与墙体锚固，@500
⑹ 凡安装铜门窗时，均要预埋φ6 钢筋入墙240，伸出50 与门窗框点焊锚固，@500
⑺ 凡安装铝合金门窗时，均要预埋53x60x120 木砖于墙内，用膨胀螺栓与门窗锚固，@500
⑻ 本工程采用2 厚白色铝合金门窗框
⑼ 本工程所有房门为杉木框

其它

⑴ 各层平面图墙体厚度参考各张说明
⑵ 各层平面图中，各门窗洞口与墙柱边距离如未注明者均为20
⑶ 各层平面图中，浴厕，阳台，室外走道的建筑标比同层相应处的室内楼地面标高低20

其它

⑷ 各层平面图中，厨房，浴厕，阳台，室外走道的建筑标高于各层相应处的建筑标高相同，在通向该处的门洞口处用200 号细石混凝土捣制高50，宽同墙厚的门槛，1:2水泥砂浆抹面20厚，面贴马赛克
⑸ 在天面层楼梯间通向天面的门洞处，用150 号细石混凝土捣高60，宽同墙厚的门槛，用：1:2 水泥砂浆抹面 20 厚，面贴马赛克
⑹ 捣制各层楼（天面）板时，在每户住宅厅地中央用φ8 钢筋预埋吊扇钩，钢筋伸入板内200 与2 层板低钢筋绑扎锚固，伸出板底150 并弯吊钩，钩钢筋红丹打底，面油刷白色油漆
⑺ 凡要求找坡排水的地方，找坡厚度大于30 时，均200 号细石混凝土找坡，厚度小于30 用1:2 水泥砂浆找坡
⑻ 凡卫生间均座砌蹲式陶瓷厕盘一个，套房卫生间均砌坐式厕盘一个
⑼ 本工程屋面设置防雷设施，施工方法详见电施工图
⑽ 本工程设1个2 #化类池 位置做法详见水施工图
⑾ 本工程各层给排水走道安装位置及材料说明详见水施工图
⑿ 烟气排放采用广东省樵荟标准设计，图集号 GJT006 施工技术由厂家提供，厨房集聚底适当位置预留φ160 排油机孔
⒀ 厨厕布置为示意，具体尺寸由业主实际定
⒁ 窗台高度低于900 时应防护栏杆，二次装修设计
⒂ 每厨房建灶台一个，配优质水龙头一个，不锈钢洗菜盘一个
⒃ 每厕所配蹲厕用具一个，优质水龙头一个，洗手瓷盆一个
⒄ 卫生间设施详见二次装修设计
⒅ 本工程屋面防水等级为三级（10年耐用年限）
⒆ 本工程为七度抗震设防
⒇ 本工程耐火等级为二级
㉑ 本工程合理使用期限为50 年
㉒ 本工程建筑面积为 607.5m²
㉓ 本工程设计使用荷载为 2.0kN/m²

			工程名称	住宅楼	
审定		图名	建筑说明	设计号	
审核				图别	建施
校对				图号	01
设计负责人		设计		制图	
专业负责人				归档日期	

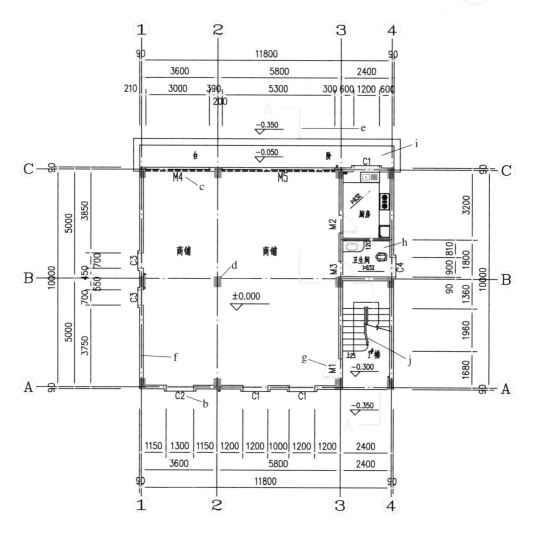

首层平面图 1:100

说明

1. 本工程首层楼梯间室内地面标高均为-0.150m.

2. 除注明外, 外墙、楼梯间墙、内间墙、分户墙为180mm, 门垛为120mm.

3. 本工程所有窗套除特别注明外, 其余均为80厚出墙, 宽为100, 贴浅灰色亚光瓷质砖.

图6-2

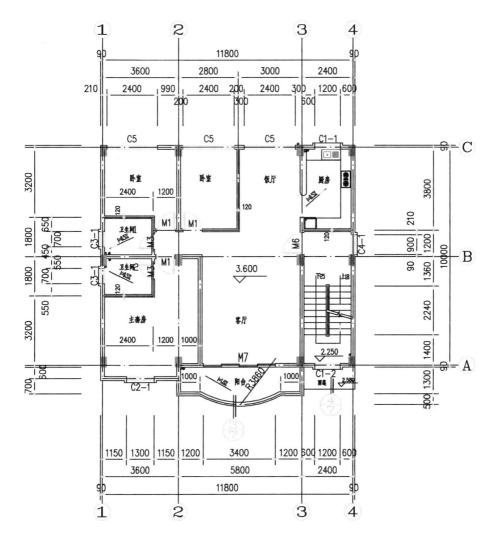

夹层平面图 1:100

		工程 名称	住宅楼			
审 定		图 名	首层平面图 夹层平面图		设计号	
审 核					图 别	建施
校 对					图 号	02
设计负责人		设 计		制 图		
专业负责人					归档日期	

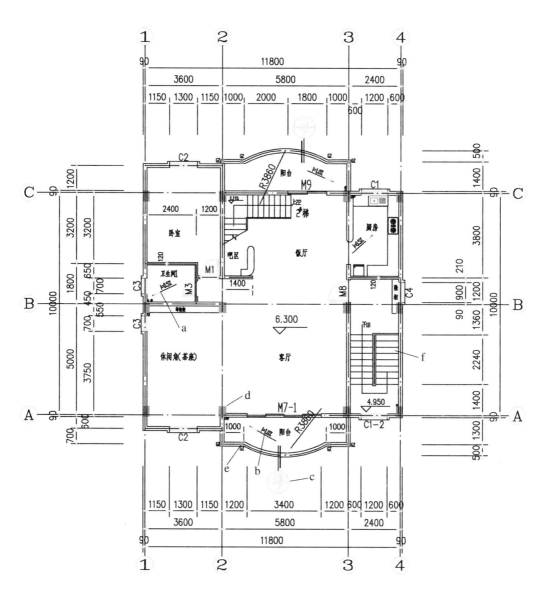

二层平面图 1:100

图6-3

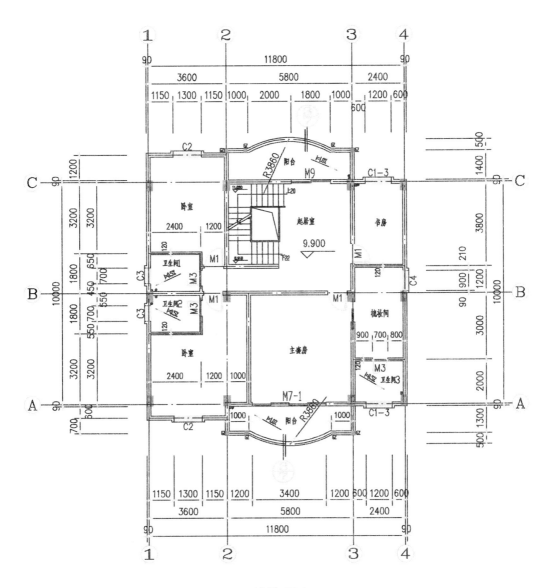

三层平面图 1:100

			工程名称	住宅楼		
审 定		图	二层平面图		设计号	
审 核			三层平面图		图 别	建施
校 对		名			图 号	03
设计负责人		设		制		
专业负责人		计		图	归档日期	

143

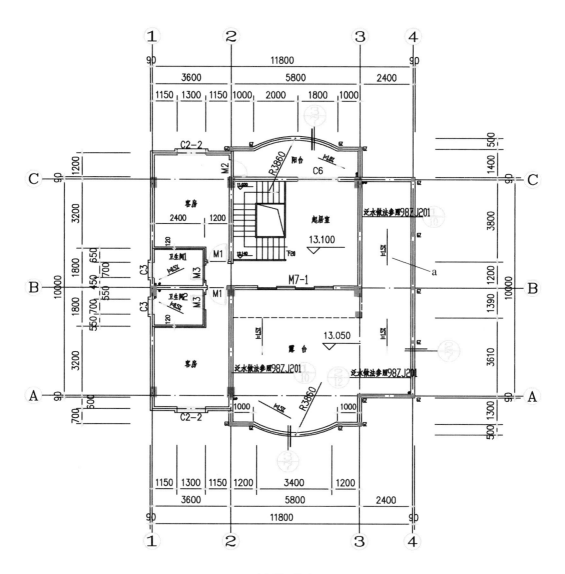

四层平面图 1:100

图6-4

144

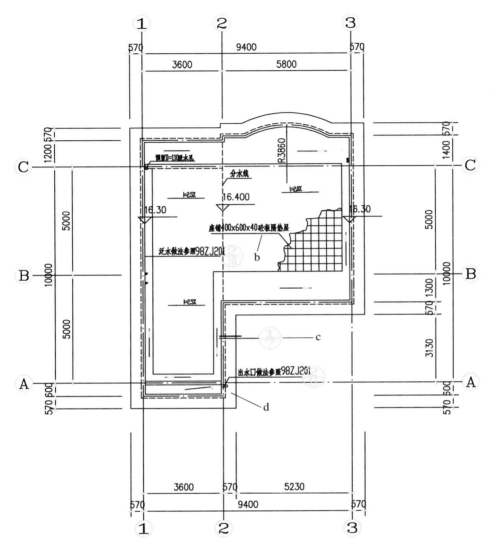

屋面平面图 1:100

工程名称			住宅楼				
审 定		图	四层平面图			设 计 号	
审 核			屋面平面图			图 别	建施
校 对		名				图 号	04
设计负责人		设		制			
专业负责人		计		图		归档日期	

145

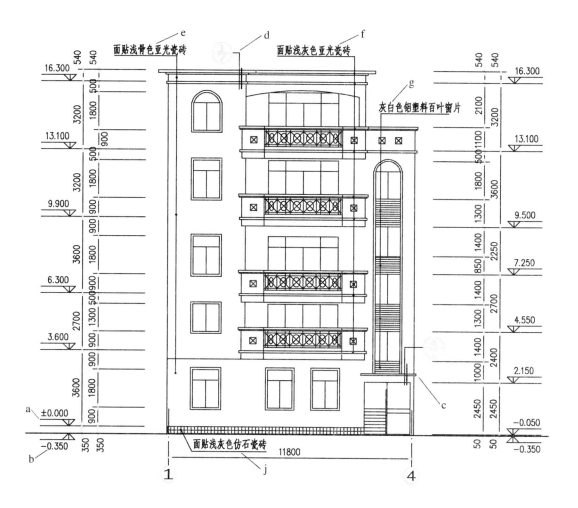

面贴浅骨色亚光瓷砖 e

面贴浅灰色亚光瓷砖 d f

灰白色铝塑料百叶窗片 g

16.300 540/540
13.100 500/3200/1800/900
9.900 500/3200/1800/900
6.300 500/3600/1800/900
3.600 2700/1300/900
±0.000 3600/1800/900
−0.350 350/350

a

b

面贴浅灰色仿石瓷砖 j

11800

c

16.300 540/540
13.100 2100/3200/500/1100
9.500 1800/3600/1300
7.250 1400/2250/850
4.550 1400/2700/1300
2.150 1400/2400/1000
−0.050 2450/2450
−0.350 50/50

1   4

$1-4$ 立面图 1:100

图6-5

146

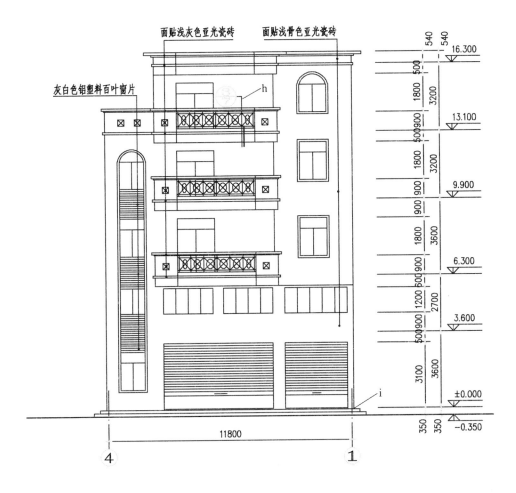

面贴浅灰色亚光瓷砖　　面贴浅骨色亚光瓷砖

灰白色铝塑料百叶窗片

h

i

16.300

540

540

13.100

500

1800　3200

9.900

500 900

1800　3200

6.300

900　900

1800　3600

3.600

500 900

1200　2700

±0.000

500 900

3100　3600

−0.350

350

350

11800

④　　　　　①

$\underline{④—①\ 立面图}$ 1:100

			工程名称	住宅楼			
审 定		图		1—4 立面图		设计号	
审 核				4—1 立面图		图 别	建施
校 对		名				图 号	05
设计负责人		设				制	
专业负责人		计				图	
						归档日期	

147

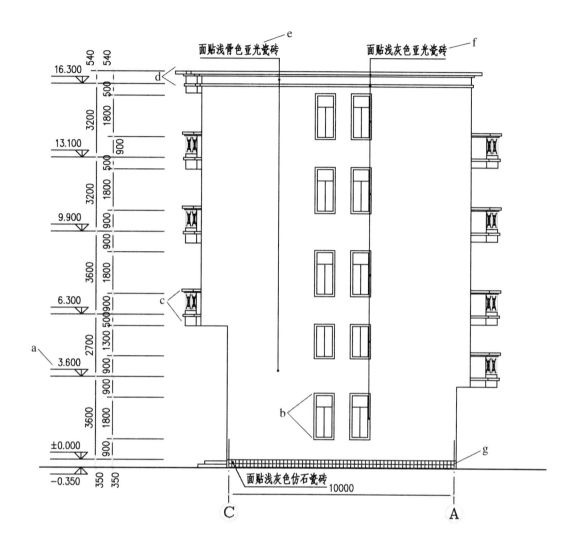

面贴浅骨色亚光瓷砖 e

面贴浅灰色亚光瓷砖 f

16.300
13.100
9.900
6.300
3.600
±0.000
−0.350

540
540
500
3200 1800
900
500
3200 1800
900 900
3600 1800
900 900
2700 1300 500
900
3600 1800
900
350 350

d
c
a
b
g

面贴浅灰色仿石瓷砖

10000

C

A

C — A 立面图 1:100

图6-6

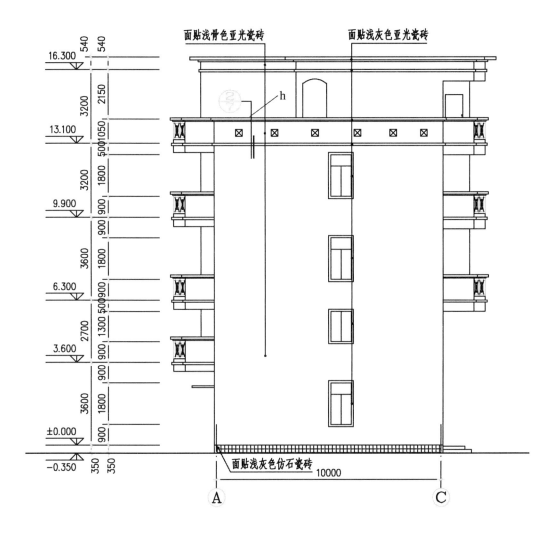

面贴浅骨色亚光瓷砖　　　面贴浅灰色亚光瓷砖

面贴浅灰色仿石瓷砖

10000

Ⓐ　　　　　Ⓒ

A — C 立面图 1:100

		工 程名 称	住宅楼			设 计 号	
审　定		图	C — A 立面图			图　别	建施	
审　核			A — C 立面图					
校　对		名				图　号	06	
设计负责人		设		制		归档日期		
专业负责人		计		图				

149

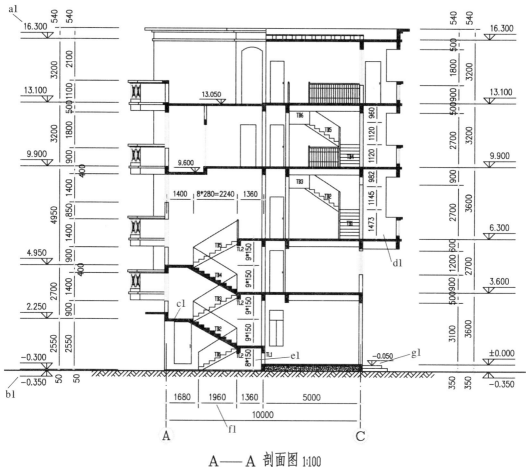

A——A 剖面图 1:100

说明: 1. 本图所选楼梯1栏杆为中南标准图中 $\frac{98ZJ401}{}$ ⊖⑧⑧①

2. 本图所选楼梯2栏杆为中南标准图中 $\frac{98ZJ401}{}$ ⊗⑬⑧①

3. 楼梯详细平、剖面及施工详见结施-13

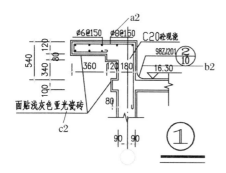

①

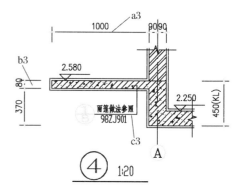

④ 1:20

图6-7

150

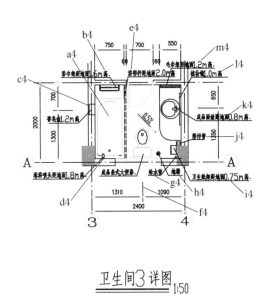

卫生间3详图 1:50

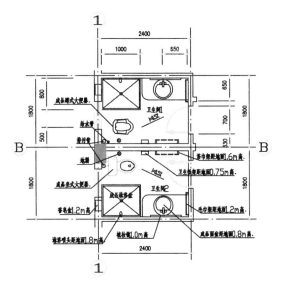

卫生间1,2详图 1:50

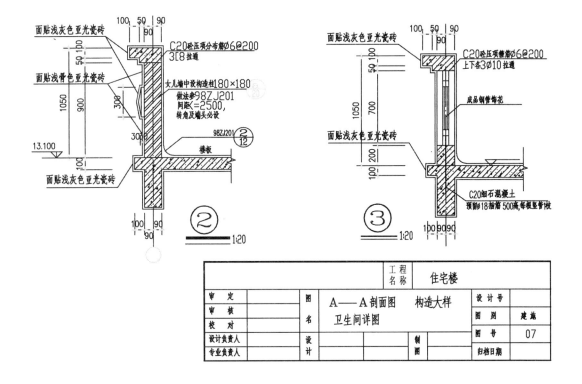

	工程名称	住宅楼			
审 定		图	A——A剖面图 构造大样	设 计 号	
审 核				图 别	建施
校 对		名	卫生间详图	图 号	07
设计负责人		设		制	
专业负责人		计		图	归档日期

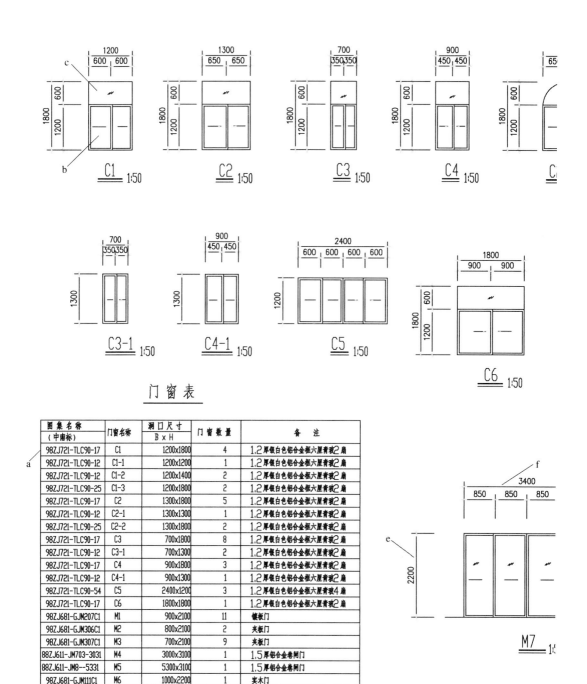

门窗表

图集名称 (中南标)	门窗名称	洞口尺寸 B×H	门窗数量	备注
98ZJ721-TLC90-17	C1	1200×1800	4	1.2厚银白色铝合金框六厘青玻2扇
98ZJ721-TLC90-12	C1-1	1200×1200	1	1.2厚银白色铝合金框六厘青玻2扇
98ZJ721-TLC90-12	C1-2	1200×1400	2	1.2厚银白色铝合金框六厘青玻2扇
98ZJ721-TLC90-25	C1-3	1200×1800	2	1.2厚银白色铝合金框六厘青玻2扇
98ZJ721-TLC90-17	C2	1300×1800	5	1.2厚银白色铝合金框六厘青玻2扇
98ZJ721-TLC90-17	C2-1	1300×1300	1	1.2厚银白色铝合金框六厘青玻2扇
98ZJ721-TLC90-25	C2-2	1300×1800	2	1.2厚银白色铝合金框六厘青玻2扇
98ZJ721-TLC90-17	C3	700×1800	8	1.2厚银白色铝合金框六厘青玻2扇
98ZJ721-TLC90-12	C3-1	700×1300	1	1.2厚银白色铝合金框六厘青玻2扇
98ZJ721-TLC90-17	C4	900×1800	3	1.2厚银白色铝合金框六厘青玻2扇
98ZJ721-TLC90-12	C4-1	900×1300	1	1.2厚银白色铝合金框六厘青玻2扇
98ZJ721-TLC90-54	C5	2400×1200	3	1.2厚银白色铝合金框六厘青玻4扇
98ZJ721-TLC90-17	C6	1800×1800	1	1.2厚银白色铝合金框六厘青玻2扇
98ZJ681-GJM207C1	M1	900×2100	11	镶板门
98ZJ681-GJM306C1	M2	800×2100	2	夹板门
98ZJ681-GJM307C1	M3	700×2100	9	夹板门
88ZJ611-JM703-3031	M4	3000×3100	1	1.5厚铝合金卷闸门
88ZJ611-JM8--5331	M5	5300×3100	1	1.5厚铝合金闸门
98ZJ681-GJM111C1	M6	1000×2200	1	实木门
98ZJ641-TLM90-29	M7	3400×2200	1	1.2厚银白色铝合金框八厘白玻4扇落地门
98ZJ641-TLM90-31	M7-1	3400×2700	3	1.2厚银白色铝合金框八厘白玻4扇落地门
98ZJ681-GJM111C1	M8	1000×2400	1	实木门
98ZJ641-TLM90-3	M9	1800×2700	2	1.2厚银白色铝合金框八厘白玻2扇落地门

说明:

1.本图仅表示门、窗的洞口尺寸及开启形式,具体构造详图做法请参考《中南建筑配件图集》实施.

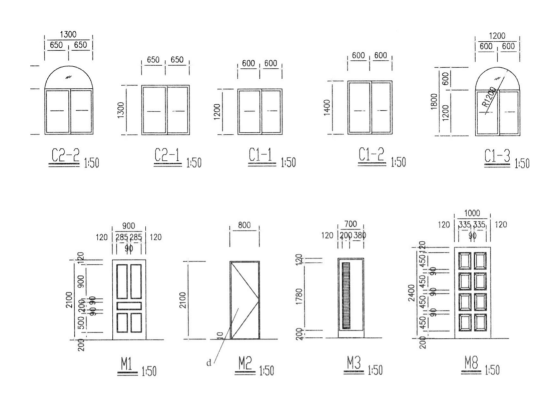

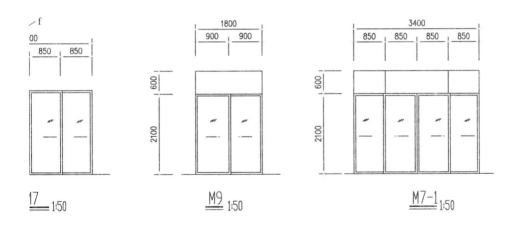

工程名称	住宅楼				
审定		图名	门窗大样　门窗表	设计号	
审核				图别	建施
校对				图号	08
设计负责人		设计		制图	
专业负责人				归档日期	

153

结构总说明

一、总则
1. 本工程(项目)为＿＿框架＿＿结构,结构设计使用年限为50年。
2. 全部尺寸单位除注明外,均以毫米(mm)为单位,标高则以米(m)为单位。
3. 本工程±0.000为室内地面标高,相当于测量标高 0.35 米。
4. 除本说明要求外,本工程施工尚应遵守有关现行规范及规程。
5. 在本说明中,凡划有"＿＿"符号者为本设计用。

二、正常使用活荷载、抗震设计及防火要求
1. 本工程一最部位使用活荷载如下表:

楼面用途	客厅	餐厅	卧室	厨房	厨房	阳台	楼梯	天面(上人)	天面(不上人)	基本风压Wo
活荷载(kN/m)	2.0	2.0	2.0	2.0	2.0	2.5	2.0	2.0	0.7	0.85

2. 本工程抗震设防烈度为＿7＿度,抗震措施按烈度＿7＿度采用。
3. 本建筑物耐火等级为＿二＿级,结构构件的耐火极限除本表使用,除本使用,除此外还须符合有关规范。

条 件	室内潮湿环境、露天环境及与无腐蚀性的水和土壤环境			室内正常使用		
构件名称	板、墙	梁	柱	板、墙	梁	柱
保护层厚度	20	30	30	15	25	30

当混凝土等级<C20时,本表板、墙、梁的数值增加5mm。

三、地基基础部分
1. 本工程基础采用＿＿冲钻孔灌注桩＿＿,基础说明详施工－02。
2. 本工程地下室设防水标高为＿＿＿＿＿＿。
3. 基础开挖后,须由地质勘察工程师根据现场情况作出评价,若发现实际地质情况与设计不符,请通知设计人员和地质勘察工程师共同研究处理。

四、钢筋混凝土结构部分
1. 钢筋及混凝土一般要求
① 现浇结构各构件设计所用料

结构部位	混凝土强度等级C	混凝土抗渗等级(MPa)	钢筋种类	结构部位	混凝土强度等级C	混凝土抗渗等级(MPa)	钢筋种类
桩身	C25		[ ]	基础梁层	C25		[ ]
承台	C25		[ ]	2～屋面层梁层板	C20		[ ]
楼梯及其余柱	C20		[ ]				
～屋面层	C25		[ ]	柱			[ ]

② 钢筋锚固长度 a(已考虑抗震加长)要求如下,非一条件时须修正。

混凝土强度等级	C20	C25	≥C30
光圆钢筋(Ⅰ)	35d	30d	30d
带肋钢筋(Ⅱ)	40d	35d	30d

③ 钢筋强度设计值(N/mm)fy=210;HRB335级(Ⅰ)fy=300;冷扎带肋钢筋LL550(∅)fy=340;HPB235级冷扎带肋接同钢筋(∅)fy=320。
④ HPB235级钢筋接用焊条E43xx,HPB335级钢筋接时用焊条E50xx。
⑤ 框架梁、柱、墙纵向筋及板的锚固长度应La,搭接长度凭;d=1.2La。
⑥ 每一结构层应采用同一厂家、同一品种的水泥,不能混用。

2. 楼板
① 板的分布筋,除在图上特别注明者外,屋面用∅8@200,楼面用∅8@250,∅8分布筋搭接长度应300,地下室用 ∅8@300 。
② 双向板的底筋,其短向筋放置在底层,长向筋放置在短向筋之上。
③ 结构图中的钢筋规格代号表示为K6=∅6@200,K8=∅8@200,K10=∅10@200 N6=∅6@150,N8=∅8@150,N10=∅10@150 G6=∅6@100,G8=∅8@100,G10=∅10@100
④ 结构平面图中,板支座负筋长度标识如下中间大支座负筋所标长度从单边算起,支座面钢筋标注有长度者),或指钢筋全长(仅在钢筋中标示有一个长度),过支座底筋所标长度为楼面水平长(对地下楼层需另加锚入墙内长度25d),对地下室顶层需另加锚入墙内长度墙+25d),过支座底筋负伸入墙内为支座负筋负。
⑤ 板底锚固入支座(梁)∅5d,且伸过支座中线不少于150。
⑥ 凡结构平面图中标有"▲"符号的板,其角部应正交放置长度应1/4短向板边,直径为8且不小于该板负筋直径,间距@100的双面筋。
⑦ 取有两层钢筋的一般楼板,其应加放支撑钢筋,支撑钢筋型式可用∅8筋制成,每平方米设置一个;地下室用 ∅10,人防顶用∅12。
⑧ 跨度大于4m的板,要求施工起拱 /400。

② 开洞楼板除注明做法外,当洞宽小于300时不设附筋,板筋绕过洞口,不切断。
⑩ 反梁结构的屋面需接排水方向,图示位置及尺寸预留泄水孔,不得后盖。
⑪ 上下水管道及设备孔洞均需按平面图示位置及大小预留,不得后盖。

3. 梁
① 跨度≥4m的支承梁层≥2m的悬臂梁,应按施工规范要求起拱。
② 设备管线需要在梁侧开洞或埋设预留件时,应按设计图纸要求设置,在浇灌混凝土之前符合设计要求后方可施工,孔洞不能后盖。
③ 砌体间钢筋混凝土圈梁截面为＿180x300＿钢筋混凝土强度同楼面,上下各配2∅14。
④ 钢筋混凝土构造柱GZ位置见结构平面图,构造柱须先砌墙后浇柱,浇捣时与砌墙连接处应成马牙槎(详图三),沿墙高500设2∅6钢筋,[详体结构构造 大样(一)、(二)、(三)]及配筋详下表。

编号	型式	混凝土强度等级	箍筋	a	b1	b2	构造大
A柱							
C柱							

⑤ 当梁与柱、墙的混凝土等级超过5MPa时,节点处的混凝土按其中较高级的施工。
⑥ 楼梯平台与支承柱TZ及小屋面梁WZ,支承于梁底基础时,钢筋同梁或基础的4C。

4. 钢筋混凝土预制
① 预制构件除大样图中有注明料别外,其余均用C25混凝土,钢筋用＿＿＿级。
② 预制构件制作时,上下水管道及其它设备孔洞均需按预留位置预埋,不得后盖。
③ 全部预制构件安装储放时,应先待应用水浸透,再用20厚1:3水泥砂浆坐垫。
④ 卫生间或厨房采用预制楼板时,应先安装设备管道后方浇灌细石混凝土面层。

五、砌体部分
1. 一般要求
① 当砌体墙的水平长度大于5m或墙墙都没有有钢筋混凝土墙柱时,应在墙的中部和墙增加构造柱具体位置需详建筑平面图,构造柱的混凝土等级为C20,坚筋用4∅12,箍其柱筋或柱顶在主体结构中预埋4∅12,该钢筋伸出主体结构每500。施工时墙墙与柱的拉结筋应在砌墙时预埋。
② 高度大于4m的180厚墙及大于3m的120厚墙,需在墙半高处设钢筋砖带一道,带250高,若墙为30长3∅8(180厚)或120,2∅8(120厚),此圈构造柱,墙中的混凝土墙柱或柱等500连接,沿高钢筋混凝土墙或柱配筋500墙2∅6钢混凝土墙或柱为200,外伸1000(抗震设防),500(非抗震设防),若柱墙长不足以伸入墙长度者于墙墙长,且末墙整直伸。

2. 承重砌体要求
① 砌体块体本工程承重块体用＿＿＿＿＿＿＿＿,混合砂浆用水泥石灰混合砂浆。
② 各层分用料

编号	层次	厚度(mm)	块体预度等级	混合砂浆强度等级	编号	层次

③ 外墙转角处及内外墙交接处,沿墙高每隔500在灰缝内配2[6钢筋,做法详图三。

3. 非承重砌体要求
① 砌体块本工程非承重块体用＿＿＿＿＿＿粘土红砖,混合砂浆用水泥石灰混合砂浆。
② 各层分用料

砌体位置	砌体名称	墙厚	砌体强度等级	砂浆强
围护墙	粘土红砖	180	MU10	
间隔墙	粘土红砖	180	MU10	
卫生间墙	粘土红砖	120	MU10	
楼梯间墙	粘土红砖	180	MU10	

③ 凡60厚砖墙墙用M10混合砂浆砌结,120厚圈梁须用M5混合砂浆砌结。
④ 凡地面以下用M10水泥砂浆砌结,首层内墙下无垫墙之处,做法详图一。
⑤ 承重砌或柱与后砌的非承重砌墙交接处,沿墙或柱高每隔500在灰缝内配2承重墙连结,每进伸入墙或柱长500。

图6-9

154

口,不切断,

上浇灌混凝土之前,经检查

下各配2Ø14,做法详图二,
时墙与构造柱连接处要
大样(二),(三)],柱型式

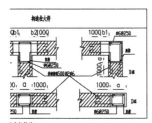

构造连大样

高级的施工,
入梁或基础的40d。

板
后盖
砂浆座垫
土面层

的中部和墙端加设构造柱,
筋用4Ø12,箍筋用Ø6@200,
间500。施工时须先砌墙后浇柱,

钢筋砖带一道,砖带用M10砂浆
雷柱,墙中的预留钢筋器接或焊接
00预埋2Ø6钢筋,锚入钢筋混
若墙搭长不足上述长度则

灰混合砂浆

柱
号	层次	bXh (mm)	块体强度等级	混合砂浆强度等级

做详图三。

石灰混合砂浆

等级	砂浆强度等级
	M5
	M5
	M10
	M5

合砂浆砌筑
一、
灰混合内配 2Ø6 钢筋与垂

4. 砌体墙中的门窗洞及设备预留孔洞,其洞顶均需设过梁,过梁除图中另有注明外,统一按下述处理
　①当洞宽≤1200时用钢筋砖拱过梁,梁高取洞宽的1/4,梁底筋3[8,入支座长度370并弯直钩,用1:3水泥砂浆作20厚保护层,M10混合砂浆砌筑。
　②当洞宽为1200~1500时用钢筋混凝土过梁,梁宽同墙厚,梁高取1/8洞宽,底筋2Ø12,架立筋2Ø10,箍筋Ø6@200,梁的支座长度250,混凝土用C20。
　③当洞宽为1500~3000时,用钢筋混凝土过梁,梁宽同墙厚,梁高300,底筋2Ø16,架立筋2Ø12,箍筋Ø6@150。
　④当洞顶离结构梁(板)底小于上述的各类过梁高度时,过梁与结构梁(板)浇成整体,如图六。

六、后浇带及施工缝

1. 后浇带做法
　①地下室底板及楼板,板带内的钢筋先做分离处理,浇灌板带混凝土首将两侧两钢筋加帮,如图七,后浇带处的梁钢筋一般可连通。
　②地下室底板,钢筋接缝处①处钢筋外延须待垫层局部加厚并加设防水层(二遍三油防水材料),板中用加止水带或在如图八处的钢筋混上水条,如图八
　③地下室外墙,钢筋接缝处①处钢筋外延须在墙的外侧加设防水层,并用MU7.5水泥砂浆砌120厚砖墙压实,墙中用加止水带,如图九,本工程采用 _____ 止水带。
　④后浇带处的混凝土一般在两个月后浇灌,至少不得少于40天且用强度等级高一级的混凝土或用同等级膨胀混凝土浇灌在后浇带两侧加5皮砖墙水养护至少不得少于15天。

2. 施工缝的设置
　①肋形楼盖应沿着次梁的方向浇灌混凝土,其施工缝应留置于次梁跨中的1/3区段内,如浇灌平板楼盖,施工应平行于板的短边。
　②地下室底板(地下室楼板)与外墙交接处的水平施工缝,应在距离底板面200以上(楼面梁下200)的墙板处设置,接缝处加止水带,如图十。

六、其他

1. 沉降观测本工程应对建筑物在施工及使用过程中进行沉降观测并加以记录,观测点布置另详图。

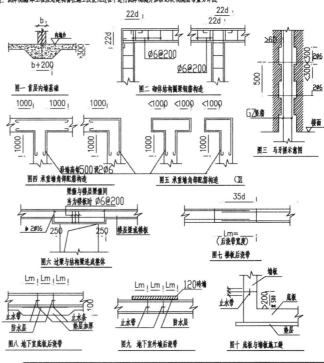

图一　首层内墙基础　　图二　砌体结构圈梁钢筋构造　　图三　马牙槎示意图

图四　承重墙角部配筋构造　　图五　承重墙角部配筋构造

图六　过梁与结构梁连成整体　　图七　楼板后浇带

图八　地下室底板后浇带　　图九　地下室外墙后浇带　　图十　底板与墙施工缝

工程名称			住宅楼			
审定		图名	结构总说明		设计号	
审核					图别	结施
校对					图号	01
设计负责人		设计		钢	归档日期	
专业负责人		计		图		

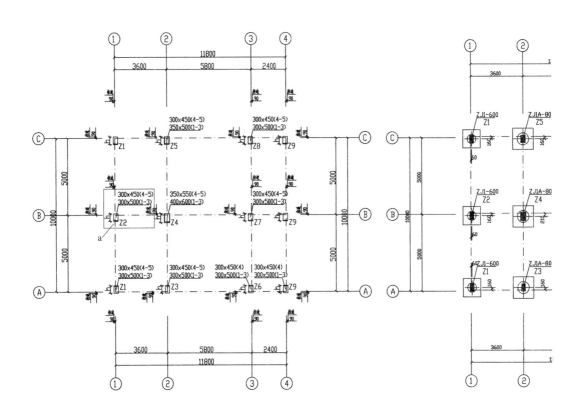

−1~8结构层墙柱轴线定位及截面变化图 1:100

说明:
1. 本图除注明外,轴线均为墙底及层柱之柱中线,柱截面尺寸后部号内的数字为相应的层号
2. 本图未注明()向的框形柱,其长边方向为()向
3. 混凝土墙Q另有大样图

桩基础说明

本工程采用冲孔灌注桩基础 施工时保证桩孔顺利施工,不出现沉渣厚度不大于***桩成孔直径为*****单桩设计承载能力*单桩试验静载荷等级分别为***根,****根,试验桩数各选一根,由于没有该规划小区的工程地质勘察报告 故设计桩长暂定20米桩台采用砼等级为C25并且桩承台处须与基础梁整体现浇 基础未详之处,按照有关桩基础技术规程,规定施工

图6-10

156

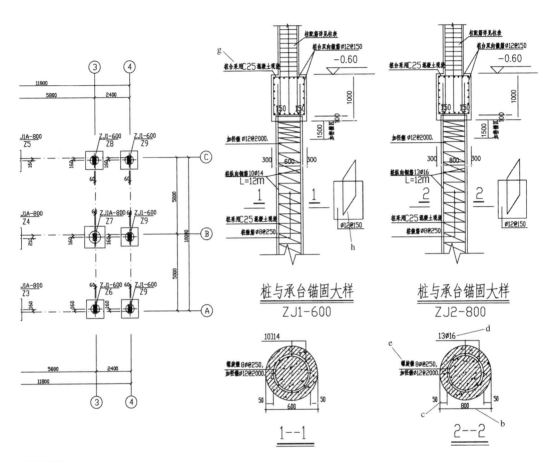

桩与承台锚固大样
ZJ1-600

桩与承台锚固大样
ZJ2-800

桩基础平面图 1:100

下出现塌孔、缩方现象。
承载能力为×××根。
每一根，总桩数为12根
定20米，并且保证桩端进入中风化岗岩大于0.5m。
浇 基础梁面与桩台面相平，承台面标高均为×××

f

		工程名称	住宅楼			
审定		图名	墙柱轴线定位及截面变化图 桩基础平面图	设计号		
审核				图别	结施	
校对				图号	02	
设计负责人		设计		制图		
专业负责人		计		归档日期		

柱编号	层号	高度或 Hj/Ho	混凝土强度等级	截面型式	b×h或直径	$b_1×h_1$	t_1	t_2	①	②	③	④	⑤a+⑤b	⑥	⑦	插筋 ⑧⑨⑩⑪⑫	中部	加密	节点内 Ln	号箍筋	复合箍筋 9①b边短肢
Z9	4	3200	C25	B	300X450				2Φ18		1Φ16						Φ8@200	Φ8@100	500	Φ8@100	
	3	3600	C25	B	300X500				2Φ18		1Φ18						Φ8@200	Φ8@100	600	Φ8@100	
	2	2700	C25	B	300X450				2Φ18		1Φ18						Φ8@200	Φ8@100	500	Φ8@100	
	1	3600	C25	B	300X500				2Φ18		1Φ18						Φ8@200	Φ8@100	1100	Φ8@100	
	Ho		C25	B	300X500				2Φ18		1Φ18						Φ8@100	Φ8@100		Φ8@100	
	HJ								2Φ18		1Φ18						上 中下 各			1Φ8	
Z8	4-5	3200	C25	B	300X450				2Φ18		1Φ18						Φ8@200	Φ8@100	500	Φ8@100	
	3	3600	C25	C	300X500				2Φ16		2Φ16						Φ8@200	Φ8@100	500	Φ8@100	
	2	2700	C25	C	300X500				2Φ18		2Φ18						Φ8@200	Φ8@100	500	Φ8@100	
	1	3600	C25	I	300X500				2Φ20		3Φ20						Φ8@200	Φ8@100	1100	Φ8@100	3
	Ho		C25	I	300X500				2Φ20		3Φ20						Φ8@100	Φ8@100		Φ8@100	
	HJ								2Φ20		3Φ20						上 中下 各			1Φ8	
Z7	4-5	3200	C25	B	300X450				2Φ18		1Φ16						Φ8@200	Φ8@100	500	Φ8@100	
	3	3600	C25	B	300X500				2Φ20		1Φ20						Φ8@200	Φ8@100	500	Φ8@100	
	2	2700	C25	C	300X500				2Φ20		2Φ20						Φ8@200	Φ8@100	500	Φ8@100	
	1	3600	C25	I	300X500				2Φ20		3Φ20						Φ10@200	Φ10@100	1100	Φ10@100	3
	Ho		C25	I	300X500				2Φ20		3Φ20						Φ10@100	Φ10@100		Φ10@100	
	HJ								2Φ20		3Φ20						上 中下 各			1Φ10	
Z6	4	3200	C25	B	300X450				2Φ16		1Φ16						Φ8@200	Φ8@100	500	Φ8@100	
	3	3600	C25	B	300X500				2Φ16		1Φ16						Φ8@200	Φ8@100	600	Φ8@100	
	2	2700	C25	B	300X500				2Φ16		1Φ16						Φ8@200	Φ8@100	500	Φ8@100	
	1	3600	C25	C	300X500				2Φ18		2Φ18						Φ8@200	Φ8@100	1100	Φ8@100	
	Ho		C25	C	300X500				2Φ18		2Φ18						Φ8@100	Φ8@100		Φ8@100	
	HJ								2Φ18		2Φ18						上 中下 各			1Φ8	
Z5	4-5	3200	C25	B	300X450				2Φ18		1Φ16						Φ8@200	Φ8@100	500	Φ8@100	
	3	3600	C25	I	350X500				2Φ18	1Φ18	1Φ18						Φ8@200	Φ8@100	500	Φ8@100	1
	2	2700	C25	I	350X500				2Φ16	1Φ16	2Φ16					1Φ18	Φ10@200	Φ10@100	500	Φ10@100	2
	1	3600	C25	I	350X500				2Φ20	1Φ20	3Φ20						Φ10@200	Φ10@100	1100	Φ10@100	3
	Ho		C25	I	350X500				2Φ20	1Φ20	3Φ20						Φ10@100	Φ10@100		Φ10@100	
	HJ								2Φ20	1Φ20	3Φ20						上 中下 各			1Φ10	
Z4	4-5	3200	C25	I	350X550				2Φ16	1Φ16	1Φ16						Φ8@200	Φ8@100	600	Φ8@100	1
	3	3600	C25	I	400X600				2Φ16	1Φ16	2Φ16						Φ8@200	Φ8@100	600	Φ8@100	2
	2	2700	C25	I	400X600				2Φ16	1Φ16	2Φ16						Φ10@200	Φ10@100	600	Φ10@100	2
	1	3600	C25	I	400X600				2Φ20	1Φ20	3Φ20						Φ10@200	Φ10@100	1100	Φ10@100	3
	Ho		C25	I	400X600				2Φ20	1Φ20	3Φ20						Φ10@100	Φ10@100		Φ10@100	
	HJ								2Φ20	1Φ20	3Φ20						上 中下 各			1Φ10	
Z3	4-5	3200	C25	B	300X450				2Φ18		1Φ16						Φ8@200	Φ8@100	500	Φ8@100	
	3	3600	C25	B	300X500				2Φ20		1Φ20						Φ8@200	Φ8@100	600	Φ8@100	
	2	2700	C25	B	300X500				2Φ22		1Φ22						Φ10@200	Φ10@100	500	Φ10@100	
	1	3600	C25	I	300X500				2Φ20		3Φ20						Φ10@200	Φ10@100	1100	Φ10@100	3
	Ho		C25	I	300X500				2Φ20		3Φ20						Φ10@100	Φ10@100		Φ10@100	
	HJ								2Φ20		3Φ20						上 中下 各			1Φ10	
Z2	4-5	3200	C25	B	300X450				2Φ16		1Φ16						Φ8@200	Φ8@100	500	Φ8@100	
	3	3600	C25	B	300X500				2Φ16		1Φ16						Φ8@200	Φ8@100	600	Φ8@100	
	2	2700	C25	B	300X500				2Φ16		1Φ16						Φ8@200	Φ8@100	500	Φ8@100	
	1	3600	C25	C	300X500				2Φ18		2Φ18						Φ8@200	Φ8@100	1100	Φ8@100	
	Ho		C25	C	300X500				2Φ18		2Φ18						Φ8@100	Φ8@100		Φ8@100	
	HJ								2Φ18		2Φ18						上 中下 各			1Φ8	
Z1	4-5	3200	C25	B	300X450				2Φ18		1Φ16						Φ8@200	Φ8@100	500	Φ8@100	
	3	3600	C25	B	300X500				2Φ18		1Φ18						Φ8@200	Φ8@100	600	Φ8@100	
	2	2700	C25	B	300X500				2Φ18		1Φ16					1Φ18	Φ8@200	Φ8@100	500	Φ8@100	
	1	3600	C25	B	300X500				2Φ20		1Φ20						Φ8@200	Φ8@100	1100	Φ8@100	
	Ho		C25	B	300X500				2Φ20		1Φ20						Φ8@100	Φ8@100		Φ8@100	
	HJ								2Φ20		1Φ20						上 中下 各			1Φ8	

a — Z1

b —

c 见右边详图
d 柱截面尺寸
e 竖筋编号见右边柱截面型式图
f 箍筋的标准要分竖向阶段 具体分段详见柱纵剖面图

图6-11

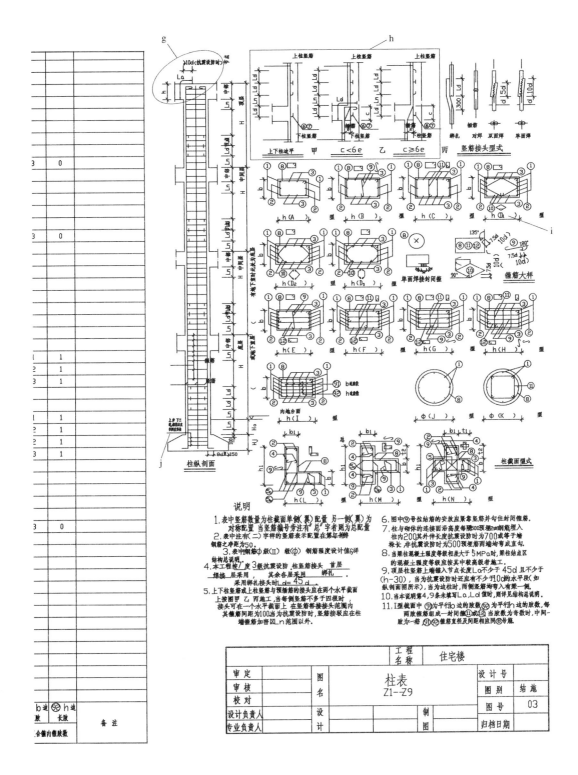

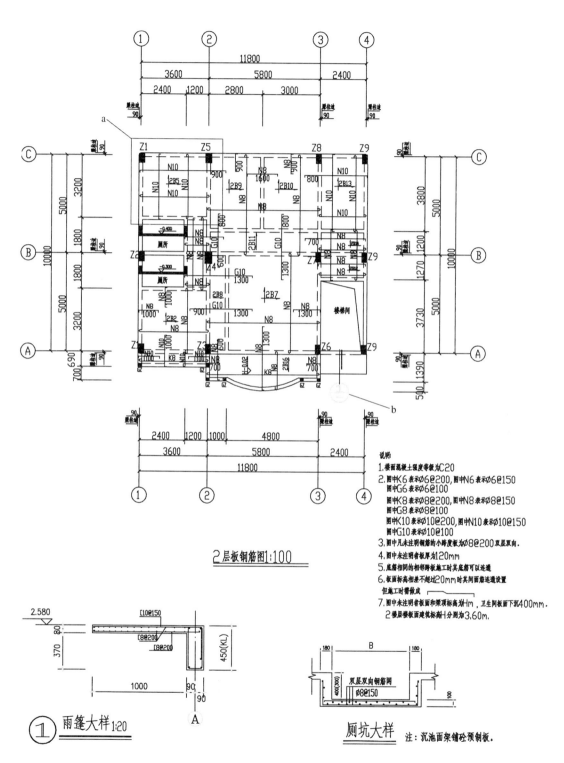

2层板钢筋图1:100

说明
1. 楼面混凝土强度等级为C20
2. 图中K6表示∅6@200,图中N6表示∅6@150
   图中G6表示∅6@100
   图中K8表示∅8@200,图中N8表示∅8@150
   图中G8表示∅8@100
   图中K10表示∅10@200,图中N10表示∅10@150
   图中G10表示∅10@100
3. 图中凡未注明钢筋的小跨度板为∅8@200双层双向.
4. 图中未注明者板厚为120mm
5. 底筋相同的相邻跨板施工时其底筋可以连通
6. 板面标高相差不超过20mm时其阴面筋连通设置
   但施工时错做成
7. 图中未注明者板面和梁顶标高为-1m,卫生间板面下沉400mm.
   2楼层楼板建筑标高+1分别为3.60m.

①雨篷大样1:20

②厕坑大样 注:沉池面架铺砼预制板.

图6-12

160

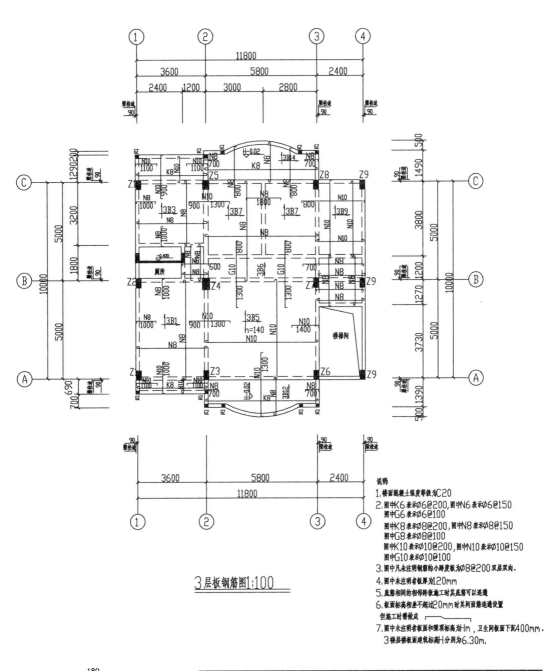

3层板钢筋图1:100

说明
1. 楼面混凝土强度等级为C20
2. 图中K6表示φ6@200,图中N6表示φ6@150
   图中G6表示φ6@100
   图中K8表示φ8@200,图中N8表示φ8@150
   图中G8表示φ8@100
   图中K10表示φ10@200,图中N10表示φ10@150
   图中G10表示φ10@100
3. 图中凡未注明钢筋的小跨度板为φ8@200双层双向.
4. 图中未注明者板厚为120mm
5. 底筋相同的相邻跨板施工时其底筋可以连通
6. 板面标高相差不超过20mm时其面筋连通设置
   但施工时需做成
7. 图中未注明者板面和梁顶标高为1m,卫生间板面下沉400mm.
   3楼层楼板面建筑标高H分别为6.30m.

GZ 1:30

工程名称	住宅楼			
审 定		图名	2层板钢筋图 3层板钢筋图	设计号
审 核				图别 结施
校 对				图号 04
设计负责人		设计	制图	归档日期
专业负责人				

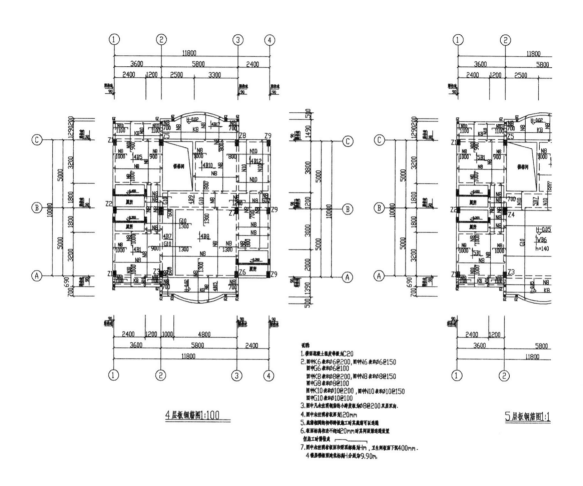

说明
1. 楼面混凝土强度等级为C20
2. 图中K6表示ϕ6@200，图中N6表示ϕ6@150
图中G6表示ϕ6@100
图中K8表示ϕ8@200，图中N8表示ϕ8@150
图中G8表示ϕ8@100
图中K10表示ϕ10@200，图中N10表示ϕ10@150
图中G10表示ϕ10@100
3. 图中凡未注明板配筋每米钢筋均为ϕ8@200双向。
4. 图中未注明者板厚均为120mm
5. 楼板相同角与转折增加筋按施工时实底面筋可试通
6. 板面标高低于20mm时某某阴面筋连续设置
包括工时满接过
7. 图中未注明者板面标高同楼面标高为±m，卫生间板面下降400mm。
4层楼板面建筑标高〔分贝标高为9.90m。

4层板钢筋图1:100

5层板钢筋图1:1

图6-13　结施05

162

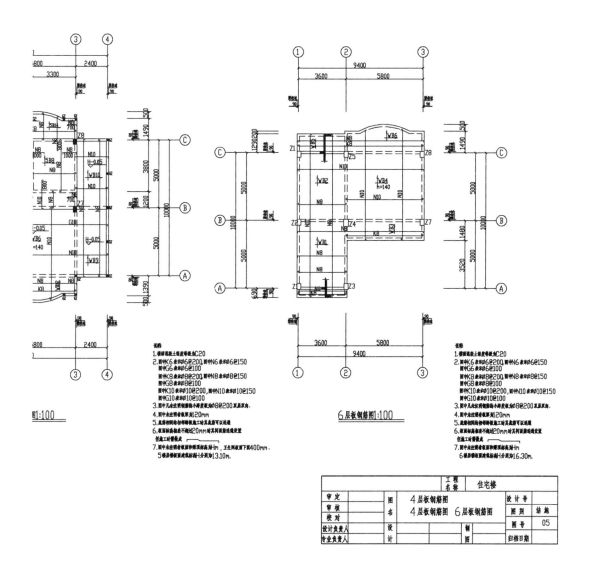

4层板钢筋图 1:100

6层板钢筋图 1:100

工程名称		住宅楼				
审定		图名	4层板钢筋图		设计号	
审核			4层板钢筋图 6层板钢筋图		图别	结施
校对					图号	05
设计负责人		设计		钢		
专业负责人				图	归档日期	

163

钢筋混凝土结构平面整体表示法
梁构造通用图说明

1、采用本制图规则时，除按本图有关规定外，还应符合国家现行有关规范、规程和标准。
2、本说明中"钢筋混凝土结构整体表示法"简称"平法"。

一、总则
（一）本图与"梁平面配筋图"配套使用。
（二）本图未包括的特殊构造和转换节点构造，应由设计者自行设计绘制。

二、"平法"梁平面配筋图绘制说明
（一）梁编号规则
梁编号由梁类型代号、序号、跨数及有无悬挑代号几项组成，如下表：

梁类型	代号	序号	跨数及是否带有悬挑
楼层框架梁	KL	XX	(XX)或(XXA)或(XXB)
屋面框架梁	WKL	XX	(XX)或(XXA)或(XXB)
非框架梁	L	XX	(XX)或(XXA)或(XXB)
纯悬挑梁	PL	XX	

注:(XXA)为一端悬挑,(XXB)为两端悬挑。
关于梁的截面尺寸和配筋多跨通用的bXh箍筋,梁跨中面值采用集中注写,梁底筋和支座面筋以及某跨特殊的bXh箍筋,梁跨中面筋、腰筋均采用原位注写,梁支座面筋(贯通筋,架立筋)的根据,应根据结构受力及箍筋肢数等构造要求而定注当须将梁架立筋于括号内以不与贯通筋的区别。

1.KL,WKL,L的标注方法
(1)与梁编号写在一起的bXh箍筋,梁跨中面筋为基本值,从梁的任意一跨引出集中注写,个别跨的bXh箍筋,梁跨中面筋、腰筋与基本值不同,则将其特殊值原位注写,梁跨中原位注写一次支座端则免去不注当梁的中间支座两边的面筋相同时,仅在原位注写一次支座面筋可将其既筋位于支座某一边上位置处。
(2)抗扭腰筋和非框架梁的抗扭箍筋值前面需加"*"号。
(3)原位注写的梁面筋或底筋,当底筋或面筋多于一排时,则将各排筋按从上往下的顺序用斜线/分开,当同一排筋为两种直径时则用加号+将其连接当两种不同同样多时则仅在原位注写一次支座端则免去不注当梁的中间支座两边的面筋相同时,可将其既筋位于支座某一边上位置处。

2.PL,KL,WKL,的梁端的标注方法(除下列三条外,与二、1条规定相同)
(1)悬挑梁的梁根部与梁端截面高度不同时,用斜线/将其分开,以bXh1/h2,h1为梁端高度。
(2)悬挑梁梁根部下筋按抗剪抗弯非构造配置时将于下端用小括号括起来,例10Φ25,4/2+(2)/(2),表明梁面筋第一排4Φ25直筋第二排为2Φ25直筋和2Φ25下筋,第三排为2Φ25弯下筋。
(3)必要时悬挑梁尽端延伸长方向则加"X"。
3.梁腰筋肢数用斜线/括的数字表示箍筋加密区间距为100,非加密区间距为200四肢箍,例Φ8@100/200(4)表示箍筋区间距为100,非加密区间距为200四肢箍。
4.附加箍筋(加密箍)和附加吊筋给在梁集中力位置值原位标注。
5.当梁平面布置过密全标注有困难时,可按纵横梁分开画在两张图上。
6.多数相同的梁面面高在图面说明中统一注明,个别特殊的标高原位加注。
7.框架抗震等级为一,(二、三)级时,梁端加密区范围为:ch=2h(1.5h)。

（二）关于梁上起柱
梁上起柱（LZ）的设计规定与构造详见"平法"柱构造通用图。
设计者应在"平法"梁平面配筋图上柱根的梁上设加密箍不得漏做。

三、各类梁的构造做法
1.详见本图图示和附注。
2.当竖向抗震时梁除底筋取La=15d 外,其余钢筋锚固长度为La,搭接长度为Lal。
3.带*号的(抗扭)纵筋全跨通长焊接锚长La。

四、其他
1.梁配筋说明详见国家建筑标准设计03G101。
2.集中注写处附加箍筋凡未注明时每侧均配3个箍筋及1个基本直径同该梁箍筋。

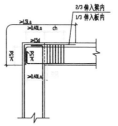

屋面框架梁 WKLxx(xx)端支座
注 跨内纵筋,锚固构造同KL。

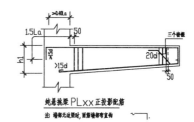

纯悬挑梁 PLxx 正投影配筋
注 墙部无连接点,面筋墙筋弯构。

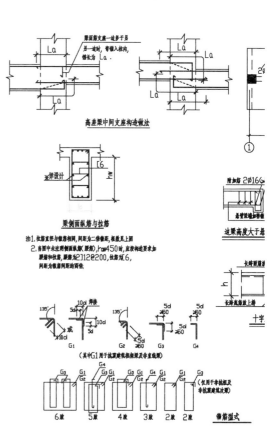

图6-14　结施06

164

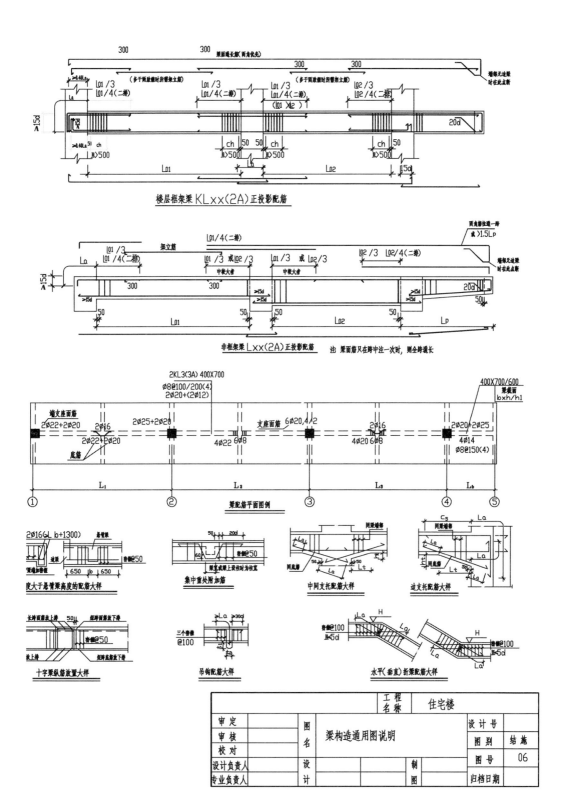

楼层框架梁 KLxx(2A)正投影配筋

非框架梁 Lxx(2A)正投影配筋　　注：梁面筋只在跨中注一次时，则全跨通长

梁配筋平面图例

度大于悬臂梁高度的配筋大样

集中重处附加筋

中间支托配筋大样

边支托配筋大样

十字梁纵筋放置大样

吊钩配筋大样

水平(垂直)折梁配筋大样

工程名称	住宅楼				
审定		图名	梁构造通用图说明	设计号	
审核				图别	结施
校对				图号	06
设计负责人		设计		制图	
专业负责人				归档日期	

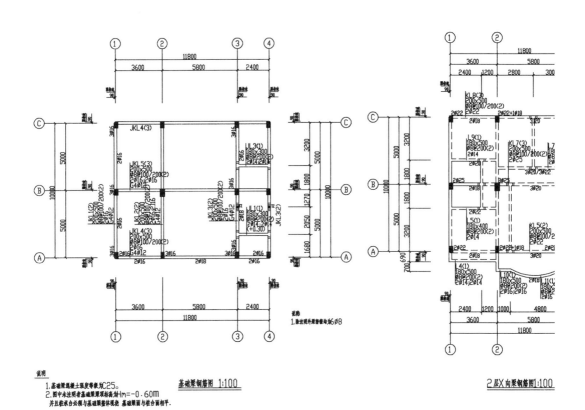

说明
1.基础梁混凝土强度等级为C25。
2.图中未注明者基础梁梁顶标高为Hm=-0.60m
并且桩承台必须与基础梁整体现浇 基础梁面与桩台面相平.

基础梁钢筋图 1:100

2层X向梁钢筋图1:100

图6-15 结施07

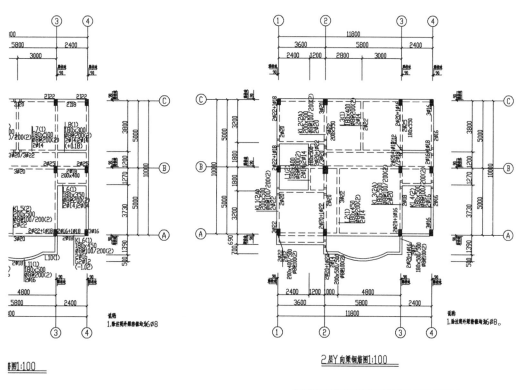

基础梁钢筋图 1:100

2层Y向梁钢筋图1:100

说明
1.除注明外梁箍筋均为6∅8

说明
1.除注明外梁箍筋均为6∅8。

		工程名称	住宅楼		
审定		图名	基础梁钢筋图 2层X向梁钢筋图2层Y向梁钢筋图	设计号	
审核				图别	结施
校对				图号	07
设计负责人		设计		制图	
专业负责人				归档日期	

167

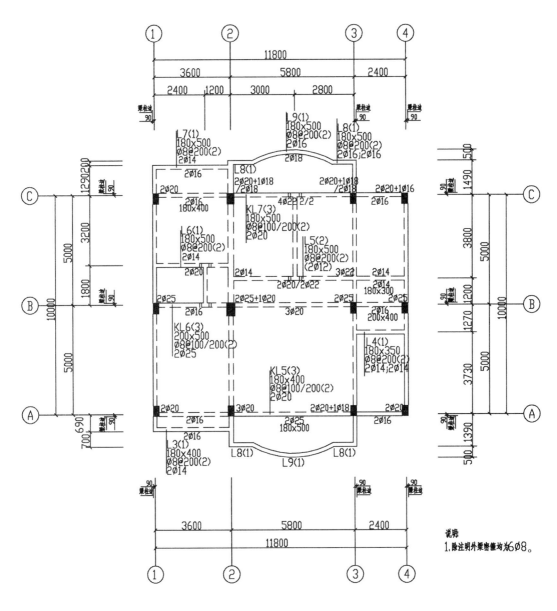

说明
1.除注明外梁箍筋均为 φ8。

图6-16 结施08

168

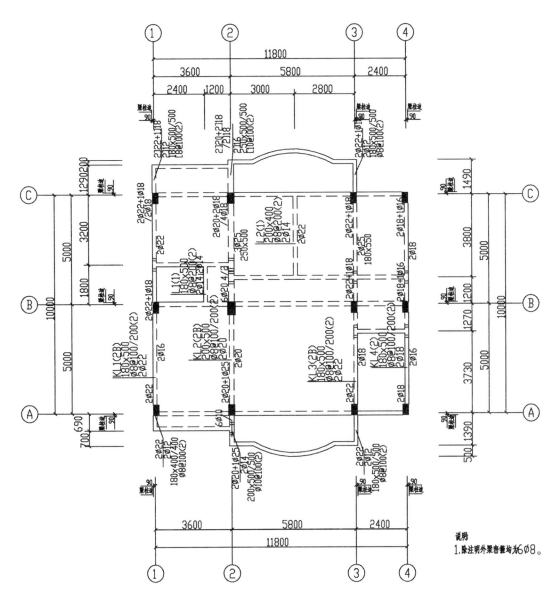

说明
1.除注明外梁箍筋均为Φ8。

3层Y向梁钢筋图1:100

		工程名称		住宅楼			
审定		图名	3层X向梁钢筋图 3层Y向梁钢筋图			设计号	
审核						图别	结施
校对							
设计负责人		设计			制图	图号	08
专业负责人		计				归档日期	

169

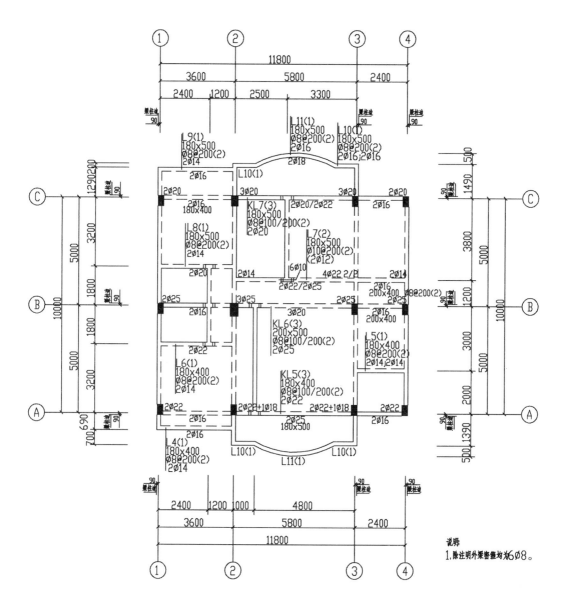

4层X向梁钢筋图1:100

图6-17　结施09

170

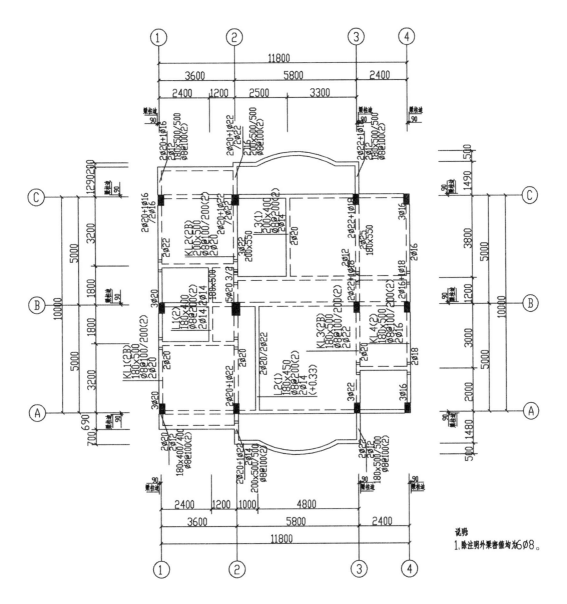

4层Y向梁钢筋图1:100

		工程名称		住宅楼			
审定		图名		4层X向梁钢筋图		设计号	
审核				4层Y向梁钢筋图		图别	结施
校对						图号	09
设计负责人		设计			制图		
专业负责人						归档日期	

说明
1.除注明外梁箍筋均为Ø8。

171

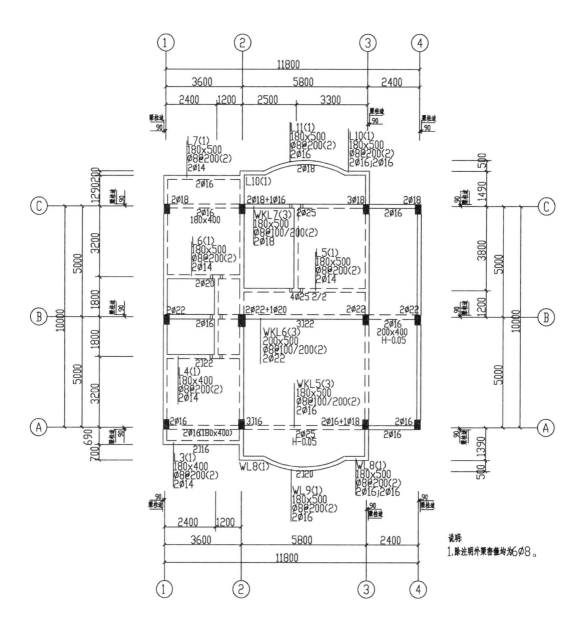

说明
1.除注明外梁箍均为ϕ8。

5层X向梁钢筋图1:100

图6-18　结施10

172

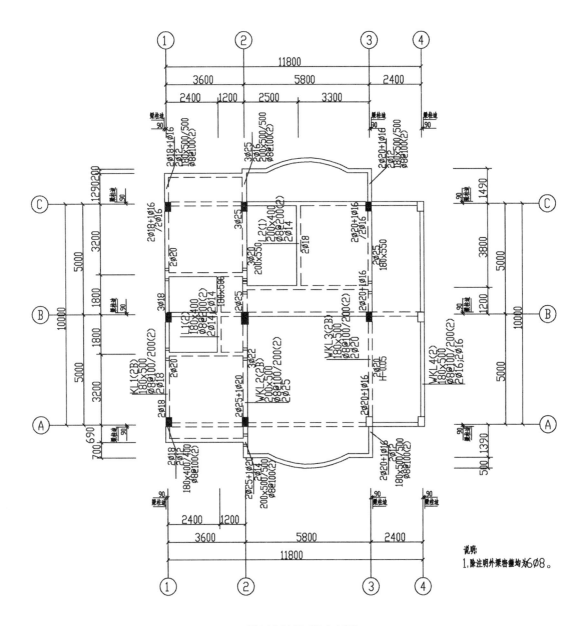

5层Y向梁钢筋图1:100

说明:
1.除注明外梁箍均为6Φ8。

			工程名称	住宅楼		
审定		图名	5层X向梁钢筋图 5层Y向梁钢筋图		设计号	
审核					图别	结施
校对					图号	10
设计负责人		设计		制图		
专业负责人		制图		归档日期		

173

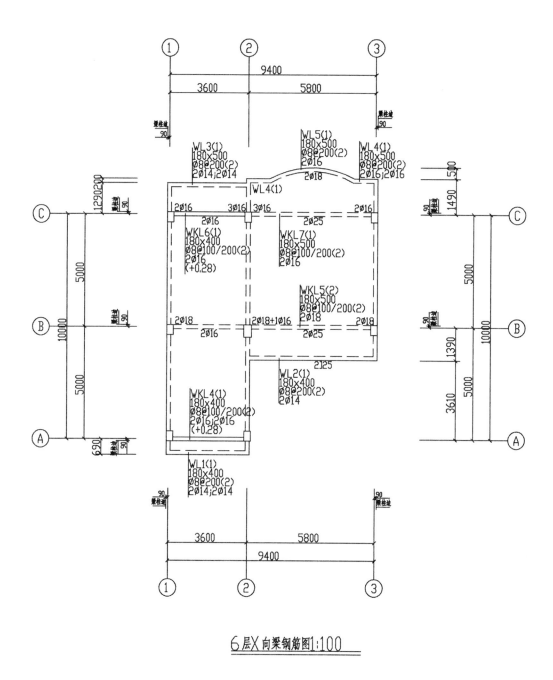

6层X向梁钢筋图1:100

图6-19 结施11

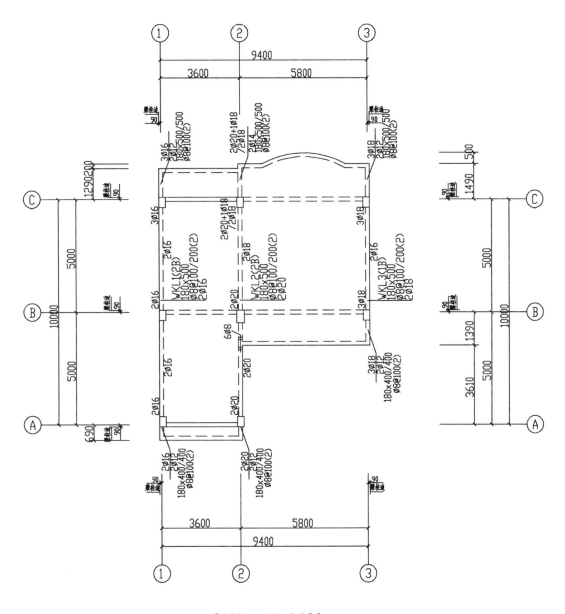

6层Y向梁钢筋图1:100

工程名称			住宅楼		
审定		图名	6层X向梁钢筋图 6层Y向梁钢筋图	设计号	
审核				图别	结施
校对				图号	11
设计负责人		设计		钢图	
专业负责人				归档日期	

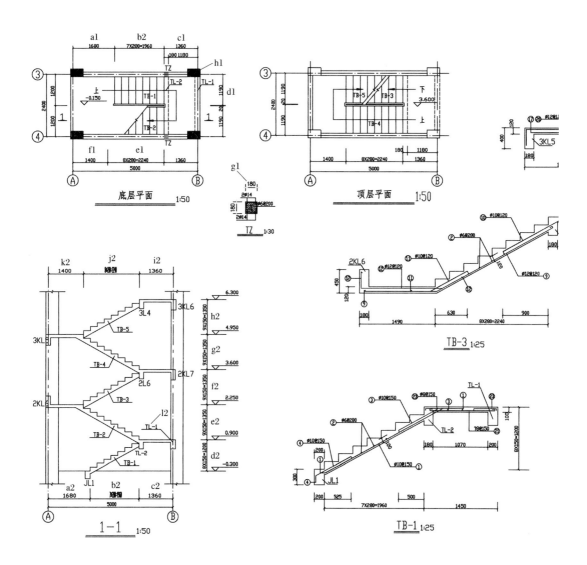

图6-20　结施12

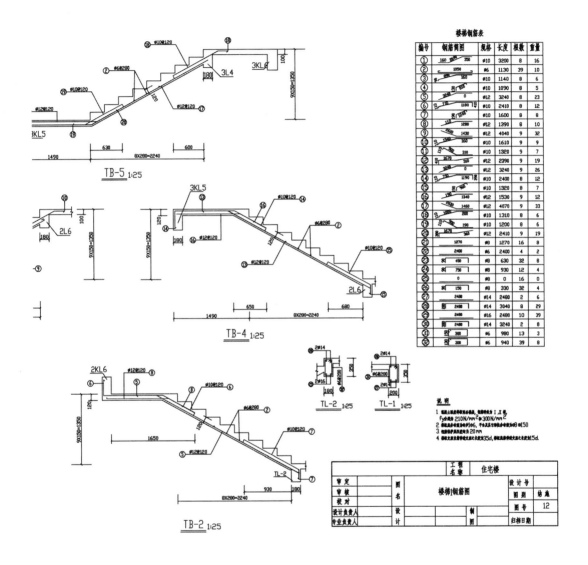

楼梯钢筋表

编号	钢筋简图	规格	长度	根数	重量
①	160 ⌐‾350	φ10	3200	8	16
②	1050	φ6	1130	39	10
③	95 ⌐150	φ10	1140	8	6
④	90 ⌐0	φ10	1090	8	5
⑤	240 0	φ12	3240	8	23
⑥	130 1180 150	φ10	2410	8	12
⑦	90 1280	φ10	1600	8	8
⑧	90 1280	φ12	1390	8	10
⑨	2500	φ12	4040	9	32
⑩	130 150	φ10	1610	9	9
⑪	310	φ10	1320	9	7
⑫	1670 310	φ12	2390	9	19
⑬	240	φ12	3240	9	26
⑭	130 1190 150	φ10	2400	8	12
⑮	90 560	φ10	1320	8	7
⑯	1340	φ12	1530	9	12
⑰	130 1460	φ12	4070	9	33
⑱	160 200	φ10	1310	8	6
⑲	90 190	φ10	1200	8	6
⑳	1670 560	φ12	2410	9	19
㉑	1270	φ8	1270	16	8
㉒	2400	φ6	2400	4	2
㉓	90 450	φ8	630	32	8
㉔	90 750	φ8	930	12	4
㉕	0	φ8	0	16	0
㉖	90 150	φ8	330	32	4
㉗	2480	φ14	2480	2	6
㉘	90 2480	φ14	3040	8	29
㉙	2480	φ16	2480	10	39
㉚	90 2480	φ14	3240	2	8
㉛	90 300	φ6	980	13	3
㉜	90 300	φ6	940	39	8

TB-5 1:25

TB-4 1:25

TB-2 1:25

TL-2 1:25   TL-1 1:25

说明

1. 混凝土强度等级为各梁板,钢筋等级为 I、II 级,
   f yd 分别为 210N/mm² 和 300N/mm²
2. 楼梯底筋上保护层厚度为10mm,平台处及支座的分布筋为φ8 @150
3. 钢筋保护层厚度为 20 mm
4. 钢筋支座上部伸过梁大距之末定为35d,钢筋底部伸过支座之末定为15d

工程名称			住宅楼		设计号	
审定		图		楼梯1钢筋图	图别	结施
审核		名				
校对					图号	12
设计负责人	设			钢		
专业负责人	计			图	归档日期	

177

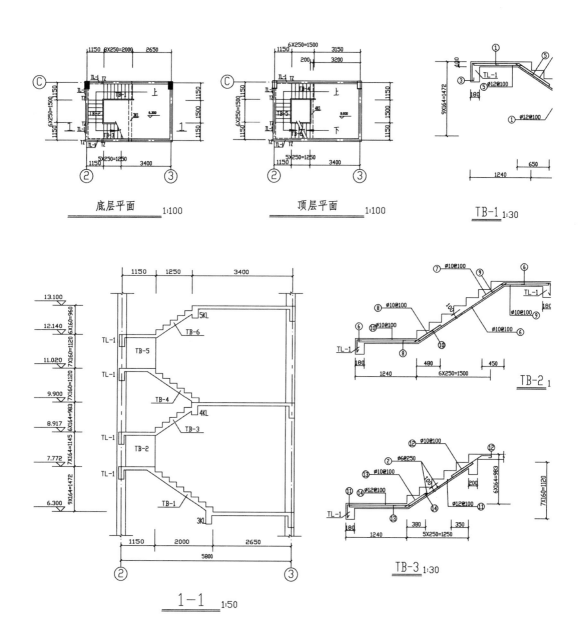

图6-21 结施13

楼梯钢筋表

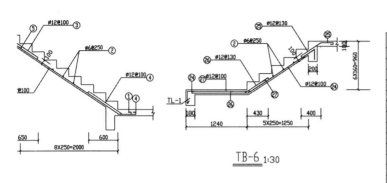

编号	钢筋简图	规格	长度	根数	重量
①		Ø12	2930	11	29
②		Ø6	1180	36	9
③		Ø12	2280	12	24
④		Ø12	1100	12	12
⑤		Ø12	1450	11	14
⑥		Ø10	3900	12	29
⑦		Ø10	1720	12	13
⑧		Ø10	970	12	7
⑨		Ø10	1350	12	10
⑩		Ø10	1790	12	13
⑪		Ø12	2940	12	31
⑫		Ø12	1070	12	8
⑬		Ø10	900	12	7
⑭		Ø10	1870	12	20
⑮		Ø12	2430	12	26
⑯		Ø12	2030	9	16
⑰		Ø12	740	9	6
⑱		Ø12	1450	12	15
⑲		Ø10	3880	12	29
⑳		Ø10	1710	12	13
㉑		Ø10	960	12	7
㉒		Ø10	1350	12	10
㉓		Ø10	1790	12	13
㉔		Ø12	3220	12	34
㉕		Ø12	890	9	7
㉖		Ø12	1030	9	8
㉗		Ø12	1870	12	20
㉘		Ø14	3880	4	19
㉙		Ø14	4540	4	22
㉚		Ø6	1040	40	9

TB-6 1:30

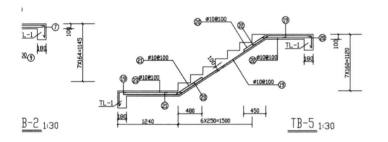

B-2 1:30

TB-5 1:30

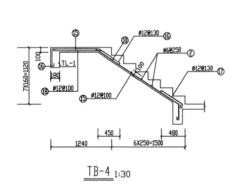

TB-4 1:30

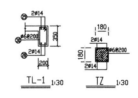

TL-1 1:30   TZ 1:30

说 明
1. 混凝土强度等级均为C20，保护钢筋为Ⅰ级钢，Ⅱ级钢，
fy≥为210 N/mm²及300 N/mm²。
2. 梯板底分布筋为φ6，平台及其它分布筋为φ8@200。
3. 钢筋保护层厚度均为20mm。
4. 梯板支座负筋伸过支座长度为35d，梯板底筋伸过支座长度为15d。

工程名称		住宅楼			
审定	图名	楼梯2钢筋图		设计号	
审核				图别	结施
校对				图号	13
设计负责人	设计		制		
专业负责人			图	归档日期	

179